木本植物响应环境胁迫的
复杂性及其解析

王斐 著

山东科学技术出版社

·济南·

图书在版编目（CIP）数据

木本植物响应环境胁迫的复杂性及其解析 / 王斐
著.—济南：山东科学技术出版社，2021.10
ISBN 978-7-5723-0838-3

Ⅰ.①木…　Ⅱ.①王…　Ⅲ.①环境影响—木本植
物—研究　Ⅳ.①Q949.4

中国版本图书馆CIP数据核字（2021）第029045号

木本植物响应环境胁迫的复杂性及其解析

MUBENZHIWU XIANGYING HUANJING XIEPO DE FUZAXING JIQI JIEXI

责任编辑：孙雅臻

装帧设计：孙小杰

主管单位：山东出版传媒股份有限公司
出 版 者：山东科学技术出版社
地址：济南市市中区英雄山路189号
邮编：250002　电话：（0531）82098088
网址：www.lkj.com.cn
电子邮件：sdkj@sdcbcm.com
发 行 者：山东科学技术出版社
地址：济南市市中区英雄山路189号
邮编：250002　电话：（0531）82098071
印 刷 者：济南龙玺印刷有限公司
地址：济南市历城区桑园路14号
邮编：250100　电话：（0531）86027518

规格：16开（170mm×240mm）
印张：16.25　字数：230千
版次：2021年10月第1版　2021年10月第1次印刷
审图号：国审受字（2021）第4072号
定价：90.00元

内容简介

　　该书以大量的实地观测和试验研究为基础，依据植物水分和能量代谢平衡原理，通过切脉、树干打孔、水培和渗透胁迫试验、叶绿素光解试验等手段，用气象数据分析、热红外成像检测、数字图像解析和气孔观测等生态信息学新方法和新技术，从组织结构和群体结构层面深入研究了木本植物应对环境胁迫的复杂和多样性问题。研究发现，持续的水分和能量失衡或"发烧"之后不仅可以诱发树木枝叶焦枯、变红变黄，而且还影响其营养平衡、抗性能力以及生长状态。在此基础上，本书提出了木本植物响应环境胁迫的光合叶面积滞育和缩减理论，深入研究了极端气象灾害事件及其叠加效应对多年生木本植物的复合伤害，合理地解释了一些自然现象，并提出了初步的解决方法。该书适合相关大专院校的教师、学生和研究人员阅读。

序言

　　本书是著者2017年于科学出版社出版的《木本植物响应环境胁迫的重要特征和机制》一书的续集。其主要内容得益于国家自然科学基金资助的"数字、热红外和显微图像解析法对一些树木水分和能量失衡的解析"项目和山东省科学技术厅计划资助的"侧柏林更新和能源综合利用的研究"项目。值得提出的是，尽管本书限定为木本植物的领域，但相关研究还以一些草本、藤本或观赏植物为参照。有关内容在植物领域的广泛适用性问题尚待进一步的研究充实，敬请读者注意。本书通过大量的实地试验设计、观测研究并结合实验室分析，应用生态信息学、灾害气象学等研究方式方法，开展了植物（以木本植物为主）环境胁迫下水分和能量的失衡及其响应的复杂多样性的研究和解析。主要的研究方法和技术以及所涉及的植物种名录参见附录。

　　土壤、植物和大气连续统一体（SPAC）是一个开放的宏观体系，涉及植物水分的吸收、运输和液气转换，而且难以直接观察和观测。植物的蒸腾作用是调节其能量平衡的重要途径，多年生木本植物在其较长的生命周期中总会遇到各种各样的极端气象等环境胁迫并呈现水分和能量失衡的状态。适宜的检测方法有利于植物水分和能量平衡的研究。我们以观测者手指为参照在近距离拍摄树木枝叶的热红外图像并创建了指温差指数，提高了不同对象之间的叶温可比性。大量的检测表明，在水分和能量失衡状态下众多的植物往往处于"发烧"的状态，尤其是在暑热的仲夏季节。持续的水分和能量失衡或"发烧"之后不仅可以诱发树木枝叶焦枯、变红变黄，而且还影响其营养平衡、抗性能力以及生长状态。

著名的生态学家道本迈尔曾经这样论断："当一个植物被迫生存在一个非天然的环境中时，就不能期望它对于个别因子的变化表现出正常的反应。所以，实验室中所得的结果必须十分小心地应用于生长在田野中的植物。在温室中所观察到的植物反应可能与田野中的结果相反。如果这只是理论生理学上的一个问题，那么人为的环境也是可以满足的；如果把这些资料用于应用生态学，人为的环境可能产生十分误导的结果。在生态学的实验中，愈能接近自然条件，那么实验的结果也就更为有用……当植物生长在小容器中的时候，其根系紧密拥挤在一起，而且大部分吸收根常局限在紧贴容器的部位。因此，未遮阴的容器易于过热而导致细根的干枯死亡。至少它们处于野外自然条件完全不同的温度环境中"。因此，一些引进的外来栽培植物和观赏植物时常在环境胁迫下呈现"发烧"的特征，甚至出现过激的响应。其中，蒸腾表面积缩减和光合叶面积缩减以及整株的枯萎等等是重要的表现形式。而较低的叶温（或较高的指温差值）或许是乡土树种适应本地环境的优势所在。

对自然环境中植物的响应特征进行的研究结果表明，植物的水分和能量失衡诱发的响应形式是多样的。其一，是发育初期的过快生长，这使得水分等资源供不应求，结果往往造成植物幼嫩光合器官内叶绿素的缺乏，即光合叶面积的滞育；另一方面，在极端环境条件或逆境栽培下难以满足植物体对水分等资源的需求，结果导致绿色光合器官或组织的失绿或褪色，即光合叶面积的缩减。植物叶片切脉是研究其水分和能量失衡的重要手段。大量的切脉试验和试验观察研究表明，植物响应水分和能量失衡的特征更加复杂和多样。有些以焦尖或局部枯萎为主，有些则失绿黄化，也有些局部早红或续红。甚至有些叶片呈现由焦尖到失绿黄化再到叶色变红直至过渡到绿色叶基的梯度渐变。叶绿素光解分析结果表明叶色的变黄变红往往也是同一胁迫过程的不同表现形式。植物的蒸腾表面积缩减和光合叶面积的缩减同样是同一胁迫过程的不同表现形式。通过蒸腾叶面积的缩减和光合叶面积的缩减实现树体水分和能量的再平衡。也就是说，只要从根本上解决了其水分和能量失衡的问题，一系列的症状则会迎刃而解。

植物的抗性响应也是多样的，除了对有害生物的抵抗，也有对极端环境胁迫的抗性反应。这种抗性反应，一方面减少了严重胁迫造成的生物量损失，另一方面又易于诱导树体推迟休眠，从而导致树体对低温伤害的敏感。不仅如此，生长旺季的过度降水诱发的树体贪青徒长、枝叶过度冗余往往也是降低抵御低温伤害能力的重要因素。以至于我国南方地区也有低温伤害事件的发生，而且在一些气象灾害的叠加作用下往往发生大地域范围的严重"冻害"，如柑橘等果树的"冻害"。通过大量的气象灾害数据和资料的研究分析表明，由这些气象灾害的叠加而诱发的复合灾害甚至持续严重影响生物的生产，尤其是生命周期较长的多年生木本植物。其中暴雨洪涝灾害、干旱灾害与低温冻害的叠加和链接诱发的严重复合灾害也较为常见。并且严重地影响着柑橘等果树的生产，甚至导致松柏等耐性树种的枯萎。

极端气象事件中从降水过多到极少的环境突变，往往诱发贪青徒长树体的干枯死亡，也是导致蒸腾和光合叶面积缩减的重要条件。在东亚和我国东南部甚至某些地中海气候区易于发生类似的因降水急转以及气象灾害事件的叠加而导致的植物或树木水分和能量极度失衡和病虫害的爆发。

树木在环境胁迫作用下发生光合叶面积缩减或蒸腾叶面积缩减之后，在新的树体平衡下往往对于再次出现的环境胁迫产生免灾（庇护）效应。从生态平衡的角度来看，食叶害虫的爆发往往源于极端气象事件和环境胁迫降低了树体抵御虫害的能力。在有虫不成灾的范围内某些食叶害虫的啃食有利于树体抵御极端气象事件诱发的环境胁迫，在某种意义上减少因水分和能量失衡而造成的树体死亡。

鉴于山川大地时空分布的异质性使得植物或树木之立地环境发生水分

和能量的再分配，进而影响其生长和分化。例如林缘树木因获取光照、水分等资源的特异性对极端气象事件的响应呈现明显的不同。尤其是一些幼龄树木，往往对于极端干热等环境胁迫更加敏感。

通过人工修剪过度冗余的枝叶，减少蒸腾和光合叶面积，有利于维持树体的水分和能量平衡，进而提高树木抵御自然灾害或极端环境胁迫的能力。在极端干旱的年份人工补水不仅可以减少树木受害的程度，还有利于促进种子萌发和改善林地更新状态等。

木本植物响应环境胁迫的复杂多样性源于在其较长的生命周期中自然环境和影响因素的复杂多样性以及灾害事件的复合叠加作用。鉴于研究周期尚短，本书呈现的内容仍需进一步充实完善。之所以现在出版，其目的在于抛砖引玉，以期在此领域的研究获得更大的进展和成就。

作 者

2020.9.6

常用缩略语和词

土壤—植物—大气统一体SPAC（Soil-plant-atmosphere-continuum）

指温差指数 TDlf（Temperature Difference between leaf and finger）

发烧 Fervescence

红绿蓝色彩图像 RGB

绿色色值与亮度的比值 G/L

绿色值与红色值的比值G/R

碳四植物 C4 Plant

中央主脉 Midrib

缺（失）绿症 Chlorosis

叶绿素光解 CHP（Chlorophyll photolysis）

叶绿素降解 CHD（Chlorophyll degradation）

叶绿酸a氧化酶 PAO（Pheide a oxygenase）

电感耦合等离子体质谱法 ICP-MS

光合叶面积滞育 DDPLA（Delayed development of photosynthetic leaf area）

光合叶面积缩减 PLAR（Photosynthetic leaf area reduction）

蒸腾叶面积缩减 TLAR（Transpiration leaf area reduction）

气孔面积率 PSA（Percent of stomatal area）

水分和能量失衡 IWE（Imbalance of water and energy）

冬旱 WD（Winter drying）

台风 Typhoon

伏旱 MSD（Mid-Summer Drought）

受害内角 IAIA（Internal Angle of Injured Area）

抗性反应和滞绿RRS（Resistance Respone and Stay-green）

夏季极端气象事件 SMEE（Summer Meteorological Extreme Event）

降水急转事件 RSTD（Rain Sharply Turn Down）

环境突变 EM（Environmental Mutation）

叠加效应 SE（Superimposed Effect）

枝叶冗余 LBR（Leaf and Branch Redundancies）

热红外成像 Thermography

冠形分化 CSD（Crown Shape Differentiate）

生态补水 EWS（Ecological Water Supplyment）

结构调整 SR（Structural Regulation）

修剪整形 SF（Sharing and Forming）

森林更新 FR（Forest Regeneration）

气象灾害链 HCM（Hazard Chain of Meteorology）

免灾效应AVSD（Avoidance of Secondary Damage）

目　录

⟨1⟩ 树木水分和能量失衡及其解析

1.1 引言

植物或树木的水分平衡受制于根系和输导系统的供水量和蒸腾耗水量等代谢过程的平衡。在植物吸收的全部水分中，约有95%通过蒸腾作用散失掉，仅有5%用于代谢和生长（Kramer，1983）。历史上，蒸腾作用曾被认为是植物代谢过程中不可避免的"灾祸"，这是由叶片的结构所决定的。蒸腾作用常引发水分亏缺以及脱水伤害。尽管如此，来自根系的水分不仅具有蒸腾冷却的功效，而且还不断地运输可溶性矿物质和来自根系的生长调节剂，如细胞分裂素、赤霉素等（Kramer，1983）。因此，水分和能量代谢平衡是维持新陈代谢和生长以及SPAC平台正常运转的基础，也是植物生长发育的根本条件。

在自然环境中，植物或树木常会遇到接受过量光能和热能的事件，而光保护机制又把多余的光能转换成热量（Donald，2001）。植物组织通过三种主要方式进行散热，即长波辐射、热对流和水分蒸腾。蒸腾冷却作为一个生理学概念已有很久的历史（Gates，1968）。水分在蒸腾过程中吸收的蒸发潜热使其成为植物或树木最有效的自然散热方式（Fitter and Hay，2002）。稳定且较低的深层土壤温度和树冠遮掩下的低土温本身也使得蒸腾冷却更加有效

（Rosenberg，1974；Larcher，1975）。

水是生命的基础，其巨大的比热值而带来的冷却作用使众多树木的温度变幅小于大气温度。所以，曾有人认为在有足够的水分供应条件下，过量的光照和高温环境不足以对已经适应了的植物造成伤害（Mansfield and Jones，1976）。在水分亏缺的条件下，常观测到树木大于摄氏40度的高叶温则不足为奇（Fitter and Hay，2002），甚至诱发一系列的胁迫响应。

土壤、植物和大气连续统一体（SPAC）是一个开放的宏观体系，涉及水分的吸收、运输和液气转换，而且难以直接观察和观测。植物的蒸腾作用是调节其能量平衡的重要途径，多年生木本植物在其生命周期中总会遇到各种各样的极端气象等环境并呈现水分和能量的失衡状态。

适宜的植物检测方法有利于植物水分和能量平衡的研究。早期的观测方法常用热敏电阻珠或热电偶接点直接压在叶面上观测叶温。或者直接用热敏电阻探针、热电偶探针甚至直接用热电偶接头小心刺入叶片或叶脉内进行叶温测量。然而，用这种方法从未观测到理想的蒸腾表面的温度值（Slavik，1974）。21世纪以来，光谱及其成像技术尤其是热红外成像技术的发展和完善为直观观测植物与大气界面的水分和能量交换成为可能。应用该技术设备不仅能探测植物与大气界面的辐射热能，而且对液气转换界面水分吸收潜热而降低的界面温度非常敏感。我们在长期观测的基础上，应用热红外成像法结合数字、显微图像解析和生理生化测定以及气象大数据分析等方法，对木本植物的水分和能量失衡进行了深入的研究。

1.2 树木水分和能量失衡与热红外成像检测

热红外成像是一种用来探测目标物体的热红外辐射，并通过光电转换、电信号处理等手段将目标物体的温度分布图像转换成假彩色视频图像的技术。到目前为止，尽管热红外测温技术已经取得较大进展，但是要准确测定人体、树体等绝对温度值仍然需要进行精心的仪器设备校准、获得丰富的测温技巧以及避免各种影响因素的干扰等。然而在实际的科研过程中，我们所关心的不单是绝对的热温数值，而更加注重研究对象的水分和能量流的相对差异。

增加观测数据的可比性问题是热红外成像分析中至关重要的问题。为此Jones等（2003）曾提出了水分胁迫的相对参照模型Gw=（Tdry-Tleaf）/（Tleaf-Twet），其中，Gw为目标观测叶片的胁迫指数，Tleaf、Tdry和Twet分别是叶片、干的参照物，和湿的参照物之热温值。经过室内外观测和测试分析发现，在室外阳光照射环境下长时间测试时，其中的干、湿参照物同样受大气温度和阳光照射的影响，进而影响观测的准确性。因此，我们以观测者手指为参照在近距离拍摄垂直于阳光的树木枝叶的局部部位并创建了指温差指数。拍摄时手持叶片并保持与阳光处于垂直的状态，以食指的内面为参照拍摄靠近手指的叶片局部平整部位的热红外图像。

热红外图像用NEC H2640热红外相机（波长8-13μm）拍摄。该相机的测温范围为-40℃到500℃，最小感温能力0.03℃。热红外图像是在设定灵敏度为自动追踪、发射系数为0.98的状态下手持热红外相机于目标叶上方50-100cm处调焦清晰后，在室内、外自然光下拍摄而得。

指温差指数的定义和计算公式（公式1）如下（王斐等，2015）：

$$TD_{lf} = \sum_{i=1}^{n} (Tf_i - Tl_i)/n \qquad (1)$$

其中。TD_{lf}是指温差指数，Tl_i为第i重复观测的热温数值，而Tf_i为第i重复观测的手指热温数值。n为重复数。

此类热温指数以观测者的指温为参照，测试结果更加稳定和具有可比性。在实际观测过程中有时也应用同一热像中树木不同器官或组织之间的热温的比值进行比较分析，如伐倒木之伐桩横截面的边材和心材热温比（边心温比）。

木本植物响应环境胁迫的复杂性及其解析

所述的指温差指数采用相对比较的原则，以相对恒定的人体体温为对照，实现了不同热像中拍摄的不同物体温度的对比分析。如同在没有测量拍摄距离等情况下，我们很难判定两张数字图片中两棵树木直径孰大孰小。然而，若将一已知尺寸的参照物体拍入照片中，通过量测树木直径与参照物体的大小比值，则完全可以判定二者的大小差异。因此，应用指温差指数解决了不同热像中观测对象的不可比性问题，不必像一般室外自然条件下进行的测温技术那样将设备固定在百叶箱内，进而开创了树木量体测温的先例。

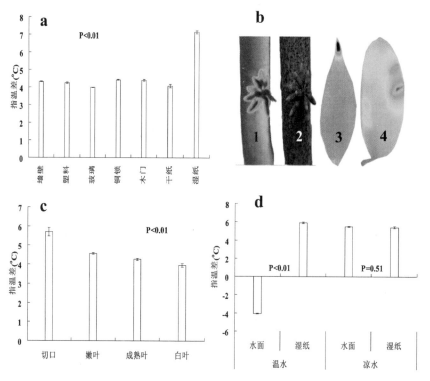

图1 热红外成像仪对植物—大气界面层辐射热能和水分吸热降温效应的敏感性；a. 夏季室内散射光下不同物体的指温差测定值与局部吸水而湿润的纸面（湿纸）的对比；b. 紫荆春季因蒸腾而明显降温的萌生花蕾（b1蓝绿色）与栓皮保护下几乎没有蒸腾作用的主干（b1橙红色）之热红外图像（b1）和RGB图像（b2）、相对低温的吐水绿萝叶尖（b3）和花叶榕微创切口（b4）；c. 即将脱落的白色失绿绿萝叶片（白叶）、绿色成熟叶（成熟叶）、和幼嫩新生叶（嫩叶）以及成熟叶上微创伤口处（切口）的指温差值对比；d. 40℃左右的温水（温水）和室温平衡环境的冷水（凉水）分别观测到的水平面（水面）和湿纸界面（湿纸）的指温差值；有关指温差值的测定方法见附录3。

用该指数观测到的植物体界面温度变化的事例，包括在几乎相同的室内温度环境中用热红外成像仪观测到局部吸水而湿润的纸面具有明显增大的指温差值（图1a）。这意味着与相对干燥的墙面、玻璃、木门、塑料、金属制品以及干纸界面而言，吸水的局部湿纸界面（简称湿纸界面）具有明显的吸热降温能力，并能用指温差指数观测值反映出来。因为湿纸界面的热温值更低，与观测者手指的温度差值更大，因此指温差观测值也更大。不仅如此，植物通过大气界面蒸腾冷却而降温的作用可表现于花蕾、叶片等植物器官的生长和发育过程中。其中，尤为突出的是紫荆主干上萌生的花蕾（图1-b1）、相对于栓皮保护下的主干而言其蒸腾降温的能力明显更强。在热红外图像中依闪亮彩色模板显现的热温或热辐射能量从低到高依次用黑、蓝、绿、黄、橙、红、白七种颜色来表示。在图1-b1热红外图像中深蓝色的紫荆花冠与橙红或橙黄色的树干之间呈现明显的热温差异。因此，热红外成像不仅扩大了人们的视野，而且使得SPAC系统的液气界面更加一目了然，尤其是刚萌生的嫩枝、嫩叶、嫩芽、花瓣与大气系统之间连续不间断的、快速的水分和能量交换过程。

热红外成像设备对蒸发或蒸腾冷却的敏感性在不同叶片及其微创切口的对比中表现的更加淋漓尽致（图1c；图1-b4）；早春绿萝萌生嫩叶之吐水叶尖的蒸发降温的特征则更加明显（图1-b3）。绿萝叶面上水分不断外溢的切口其指温差指数明显大于表皮角质蒸腾较为旺盛的嫩叶，而嫩叶的指温差值又大于成熟叶片。三者的指温差值均大于即将脱落的、叶绿素降解后叶色飘白的衰老叶片。此类白色衰老叶片的叶柄离层已经形成，来自输导系统的水分供应明显不足，因此限制了其蒸腾冷却能力，所测得的指温差值最低。而分化明显且角质和蜡质层完善的成熟叶片角质蒸腾能力明显趋弱，指温差值也偏小。相比之下，新萌幼叶细胞幼嫩、分化程度低、角质蒸腾旺盛，指温差指数值较高。而叶片表面的微创伤口直接将输水管道和叶肉界面暴露于大气界面之中，蒸腾蒸发冷却能力最强、指温差值最大。

作为一种对远红外光谱敏感的工具，热红外成像仪对物体的温度同样敏感。我们用热红外成像设备分别观测水容器中40℃左右的温水（图1d-温水）和室温状态的冷水（图1d-凉水）水面（图1d-水面），因温水水面的温度远高于室温下的冷水水面而使二者的指温差值差异显著。温水水面的指温差在-4℃左右、冷水水面在+6℃左右。图1d中所谓的湿纸界面为处于室温状态的白色复印纸，滴加几滴40℃左右的温水或室温状态的冷水后而呈现的局部湿润纸面，图1d显示的数值就是用热红外成像仪检测对应的温水湿纸界面和冷水湿纸界面的指温差数值。结果表明，室温下的冷水水面和冷水湿纸界面的指温差差异不显著（图1d-凉水，P=0.51）。相比之下，温水湿纸界面与温水水面的指温差差异极显著，且与温水水面和冷水水面的指温差差异非常接近。而温水湿纸界面与冷水湿纸界面的指温差没有统计学意义上的差异。这意味着几滴具有40℃左右的温水滴入处于室温状态的纸面上，其温度迅速与纸面平衡而更加接近于纸面温度。结果是其指温差测定值与冷水湿纸界面之指温差没有统计学意义上的显著差异。显然，在同样湿润的界面，指温差值往往对其温度更加敏感。这意味着指温差值实质上同时反映了观测对象之水分和能量的状态。

阳光照射为叶片提供了光辐射能量，直射光线和散射光线强弱差异较大，直接导致叶片上光照的直射面和散射面之间热温值的显著差异（图2a），其温差可达2℃-3℃或者更高。这成为获取稳定可靠而且具有可比性的热温值而不得不考虑的影响因素。一般情况下，许多叶片的表面并非完全平整，从而使叶片接受的日照辐射能量不一，并导致热红外成像仪测定的叶温差异较大（图2b）。因此，树木冠层中叶片数量很多，选择叶面垂直于阳光的叶片进行观测，其结果更具可比性。

为了避免叶片不平、阳光入射角度的不同而带来的热温差异，我们曾用双面胶带将活体叶片固定在平面画板且调整板面垂直于入射光线的方法，进行红叶杨不同叶序之叶片热温对比研究。不仅解决了叶片不平整的问题，而且将整个枝条上的叶片按叶序排列拍摄到同一热红外图像之中（图3a）。在

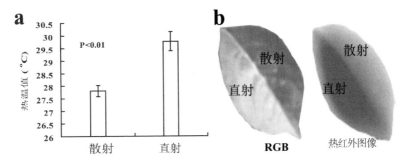

图2　直射光照和散射光照环境下叶片热温的差异；a. 紫叶海棠叶阳光直射面（直射）和散射光面（散射）热温值的比较；b. 紫叶海棠左、右半侧光亮度和热温明显不同的RGB（RGB）图像和热红外图像。

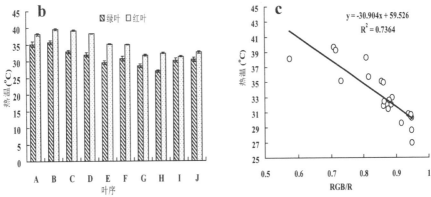

图3　在平面画板上按叶序从上向下（A-J）活体固定的红叶杨叶片热红外图像、热温值以及热温与叶色的相关性；a. 热红外图像；b. 红叶枝和绿叶枝按叶序各叶片的热温值；c. 热温测定值与RGB/R叶色值的线性反相关关系。

很大程度上避免了不同热像之间因拍摄条件不一而带来的系统误差，提高了热像温度值之间的可比性。结果，无论是红叶枝还是绿叶枝按叶序从上向下各叶片的热红外温均测出红叶杨幼叶叶温较高而成熟叶较低的趋势。在幼叶之间，刚出生的婴叶（第一个尚未展开或者尚未发育完善的叶片）因角质蒸腾更加旺盛而叶温偏低（图3b），而第二和第三幼叶因角质层逐步发育的同时气孔发育尚未完善而叶温很高、叶色也更红。此后伴随着叶序的增加叶片角质层发育更加完善的同时气孔逐渐增多增大、气孔蒸腾逐渐增强，这时叶温逐渐降低、叶色变绿（王斐等，2017）。最下部的叶片处于形态学末端、在与上部中幼龄叶片的竞争中易于发生水分和能量失衡，因而其叶温稍有增加，而且叶色也从浓绿色转化到黄绿色。以至于在叶温与用RGB/R表示的叶色值之间呈现明显的线性反函数相关关系（图3c，R^2=0.736）。

尽管应用该方法成功地检测出红叶杨不同叶序的叶片因表皮角质蒸腾和气孔蒸腾的差异而呈现明显的规律性热温变化，但是每个叶片的不同部位之间同样呈现明显的叶温异质性，尤其是较大的成熟叶片（图3a）。相比之下，较小的叶片或者叶片局部部位的褶皱较少、受影响也小，所以采用叶片局部测温法更加有利于不同热像间的对比研究，尤其是指温差值的观测。本书所呈现的指温差数据在没有专门说明时，均使用的是叶片局部测温技术。

1.3　指温差指数的生物学意义

植物在整个生长和发育过程中，环境温度是一重要的影响因素，尽管不同地带植物的最高、最低和适宜的基点温度范围各不相同。然而超过38℃-40℃的高温往往对于多数尤其是温带的作物（Lange，1976）和木本植物（Daubenmire，1959；Larcher，1975）是有害的。而45℃以上的高温往往会使植物严重受害（Turner and Kramer，1980）。Fitter and Hay，（2002）认为植物通过长波辐射、热对流和蒸腾水分来消散热量，超过40℃的高温往往是干旱、气孔关闭和蒸腾冷却停止的结果。就高温伤害的机理而言，Levitt（1972）将植物受害分为小于45℃的热害定义为代谢型间接伤害，将45℃-60℃的热害定义为直接的蛋白质变性伤害，而大于60℃的热害定义为分解伤害。Henrici（1955）表示在南非尽管乔木和其他植物的表面温度很少能够达到36℃，一些地面匍匐植物可以达到55℃，夏季短时可达60℃。

另一方面，有许多植物学学者声称温带地区的植物很少能够忍耐35℃以上的高温；有机体正常生长的温度（37℃）或一般生长温度远低于液相相变的温度，嗜冷生物（psychrophiles）的热伤害与蛋白质变性有关，表现在35℃下丙酮酸羧化酶失活、静止细胞葡萄糖发酵的停止、喜冷酵母的氨基酸结合系统受抑制等。Ljunger（1962）在培养基质中加入镁、钙、钡、铯、钠和钾的氯化盐提高了细菌的抗热性，在正常生产的最高温37℃以上诱发了细菌的气体生产。超过35℃的温度或许造成嗜温生物（mesophiles）的热胁迫。只有45℃以上的温度才导致嗜热生物（thermophiles）的热胁迫。有研究表明（陈尚谟等，1988），柑橘等果树在水温升到37℃时根系生长受抑制，到40℃-45℃时根系容易死亡。

所以，以恒定在36.8℃左右的人体温度为参照的指温差值则成为这些植物发生能量失衡和严重胁迫甚至受害的重要参照指标。同样，人体温度超过这个范围是"发烧"的参考指标，也是人体发病的重要征兆。这种温带中生植物与人体体温遭受胁迫的临界范围之近似特征，尽管仍然需要进行大量实际观测来验证，二者或许有着共同的生命学基础。从某种意义上讲，如果有大量试验结果证明指温差负值可以导致作物或木本植物的受害，那么可以认为同样由水生进化而来且由大量水分组成的陆地生命有机体之间的确具有相似或共同的环境适应机制。

水（H_2O）是世界上独一无二的三态共存物质。其巨大的比热值使得海洋等具有广阔水面的地域气温变幅较小，也是海洋性气候特征的主导因素。尽管海水的温度随盐度的不同而变化，但是在强烈日光照射下，海水温度最大值在32℃（红海周边的海水温度）左右。而应用热红外成像仪检测到的具有极其旺盛蒸腾作用的草本植物暑期表面温度也往往在此范围之内。Brouwer（1965）在研究水分通过玉米根系的运动中发现，蒸腾作用和伤流诱导的液流均在15℃和32℃附近出现转折点，而压力流只在32℃出现转折点。其生物学意义似乎与植物适应环境的临界范围有关联。一些乡土树种和本土广泛分布的草本植物之叶温往往更加接近于这些"转折"或"临界"。如杨树正常情况下常测出暑期4℃-7℃的指温差。而苍耳、灰蒿等常见草本植物的暑期指温差也往往在此范围甚至更大。

如前所述，热红外图像中依闪亮彩色模板呈现的热温或热辐射能量从低到高依次用黑、蓝、绿、黄、橙、红、白七种颜色表示。指温差等于零或者接近于零，意味着观测者手指的热温与目标物之间的热像色彩相当，一般情况下呈蓝、绿、黄、橙、红色之一。指温差为正值则目标物蒸腾冷却旺盛，热温低于观测者的手指，相对于目标物而言观测者手指的热像色彩更加浅淡（图4a），常呈白、红、橙（或者黄、绿）。反之，指温差为负值，也就是说目标物呈"发烧"状态，其热像的色彩往往比观测者手指要浅。这时观测者手指的热像常呈蓝、绿、黄（或者橙、红）色（图4b）。

就图5中山东省济南市常见树种的指温差观测值而论，乡土或归化树种更加适应观测地的立地条件，蒸腾旺盛、代谢平衡、夏季暑热环境中指温差为

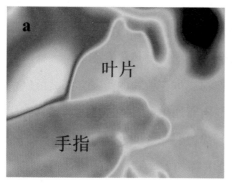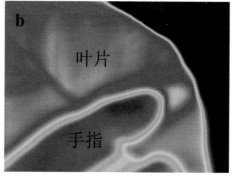

图4　闪亮彩色模板下指温差正、负值的彩色热红外图像特征；a.叶片等热温偏低、指温差为正值时的彩色热红外图像；b.叶片等热温偏高、指温差为负值时的彩色热红外图像。

正值（图5）；因此，生长健壮且具有显著的碳汇能力；如杨、柳、榆和白蜡树等。这些树种往往气孔蒸发蒸腾能力较强。在水分供应充足的条件下，对极端干热气象事件不敏感、抗性能力强。这些树种栽培在水土条件较差的山地、沙荒地等环境中往往难以存活。

相比之下，一些外来的引种栽培花灌木树种，叶温偏高、指温差值往往处于临界范围以下，具有明显的"发烧"特征。这些树种也是经常遭受伏旱和冬旱灾害袭扰的对象，也时常有失绿黄化症的发生。在自然状态下，除了已经归化的物种外，这些树种经常在遭遇极端逆境时枯死（Stace，1980）。显然，以乡土树种为骨干且相对健康的景观生态林更具绿化美化人居环境、缓解城市热岛效应和改善小气候的功能。

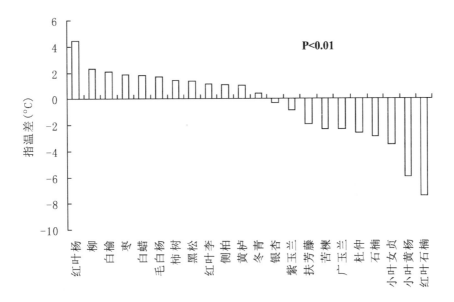

图5 济南市常见乔、灌木树种指温差指数的观测值；其中指温差为正值的树种以乡土或归化树种为主，而指温差为负的树种以外来的树种为主。

1.4 树木"发烧"临界值的预测潜力

山东省林业科学研究院燕子山林场和饮马泉苗圃地处两种截然不同的立地环境中。燕子山林场为山东省济南市南部石灰岩山地北缘的山丘之一，海拔238米。在燕子山东坡土层浅薄（<15cm）且相对干旱的立地上，2012年新栽的红叶杨幼苗严重干梢，从树干基部萌生的枝梢生长欠佳，叶片蒸腾能力不足、叶温偏高。夏季，多数叶片指温差值在临界值（零度）以下，处于"发烧"的受胁迫状态，主干上下两端的叶片指温差为负值（图6a）、在主干中间的叶片指温差值即使大于零也往往小于1。相比之下，在饮马泉苗圃厚层（>200cm）潮土上生长的同一批红叶杨苗木，叶片蒸腾旺盛、叶温偏低。指温差指数常常在临界值以上，为正值，最高可达5℃-6℃，即使在极端干热的伏天也是如此。极少或者说几乎不曾出现"发烧"的受胁迫状态。

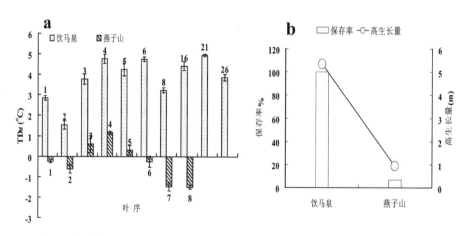

图6 燕子山林场瘠薄山地（深色斜线柱）与饮马泉苗圃厚层冲积褐潮土（浅色细点柱）立地上红叶杨苗木的指温差值、存活和生长状态的差异；a. 按叶序从上向下红叶杨指温差（TDlf）观测值的不同；b. 燕子山林场和饮马泉苗圃红叶杨植苗保存率和高生长量的差异。

持续的观测结果是，燕子山林场栽培的红叶杨，在不断的发烧、水分和能量失衡下于次年夏季几乎全部干枯死亡，保存率仅为6.3%（图6b）。而在饮马泉苗圃栽培的红叶杨植株保存率为100%，所测得的光合作用能力更强、光能利用率也更高，且生长旺盛。植苗后的第二年树高已经达到5.3米，第三年底树高达7-8米。显然，红叶杨的生长状态与其生长季节尤其是雨热同季的夏季指温差值关系密切。也就是说，叶片的"发烧"与否对叶片的生长潜力具有一定的预测意义。

我们以往的研究（王斐等，2017）表明，植物叶片的早红或续红往往与其水分和能量失衡有关。在持续的水分和能量失衡影响下，叶片及其局部往往呈现续红（或早红）叶色。图7a的切脉试验结果表明，按叶序逐个在叶片基部切断五角枫叶片的中央3主脉后，叶片可区分为几乎未受水分和能量失衡影响的正常区域（N）、遭受严重胁迫的胁迫区（S）和中间过渡区域（T）。经观测，顶部叶片的胁迫区（S1）持续呈现明显的指温差负值，<-1。这种差异最早甚至出现在切脉后几分钟或十几分钟之内。结果一个月之后叶片胁迫区的G/L值明显低于该叶片正常区和过渡区的G/L值（图7b），即胁迫区仍然

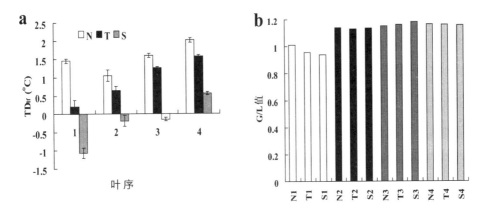

图7　五角枫新萌幼叶断脉后指温差负值与叶片续红的关系；a. 按叶序（1，2，3，4）从上向下逐叶基部切断五角枫中央三主脉7天后叶片未切脉区（N）、过渡区（T）和胁迫区（S）的指温差（TDlf）差异以及变化趋势；b. 一个月之后，按叶序的叶片各区域（未切脉区（N）、过渡区（T）和胁迫区（S））G/L叶色值。

维持红色而未转变成绿色。相比之下，尽管从顶部向下的第二和第三叶片在每日午时也有指温差呈负值的时刻，其指温差值更加接近于零。一个月后这些叶片的不同区域之间的G/L值差异不显著。也就是说，这时叶色逐渐转绿，尽管叶色不如持续维持正指温差的叶片更加浓绿。显然，持续的"高烧"胁迫状态是叶片或局部叶片部位续红的重要条件。

如前所述，红叶杨幼叶之所以呈红色与叶片的气孔尚未发育或未发育完善有关。顶部刚萌生幼叶气孔尚未发育、角质层也尚未开始分化，角质蒸腾旺盛，这时指温差为正值，但是其指温差的绝对值很小（图8a-1），其叶色浅淡。从第二叶开始叶片角质层开始分化，角质蒸腾明显减弱，然而其气孔仍然未发育完善，气孔蒸腾欠缺，指温差往往也为负数（图8a-2），叶色转为鲜红色。显然，红叶杨幼叶的红色同样与其水分和能量失衡的"发烧"临界状态有关。相比之下，伴随着叶片角质层的进一步分化，气孔也发育完成，气孔蒸腾降温能力的增加，使叶片指温差增大而且叶色逐渐转绿，其G/L值也逐渐增大并趋于稳定（图8b）。

按叶序从上向下排列，下部叶片（叶序序号较大者）经常出现叶尖枯萎的剑麻叶片同样易于发生叶片水分和能量失衡（表1）。在夏季阳光直射的中午，按叶序测定叶片的指温差值，伴随着叶序的增大，叶温逐步增加，且

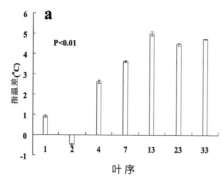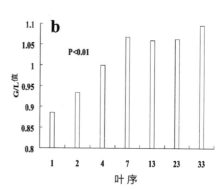

图8　红叶杨窗口期红色叶片的指温差指数和G/L值；a. 红叶杨按叶序观测的指温差指数值，其中第2叶或第3叶往往是叶色鲜红、气孔尚未发育完善且角质层逐渐分化形成的窗口期叶片；b. 图8a中对应的红叶杨叶片之G/L值；有关G/L值的测定方法见附录4。

下部叶片呈现明显的"发烧"即指温差负值（指温比大于1）的状态。叶片"发烧"越严重，指温差越小、指温比越大，往往叶尖焦枯的面积也越大。显然，这是其通过缩减蒸腾表面积来缓解水分和能量失衡的重要手段（王斐等，2017）。

表1　剑麻不同叶序叶片指温差的对比

	叶序4	叶序9	叶序16	叶序23
指温差	1.88	−0.23	−1.6	−4.59
指温比*	0.94876	1.006211	1.043173	1.126342

*指温比是植物枝或叶温与观测者指温的比值

秋季一些树木枝干基部的老龄叶片往往伴随着新叶的生长壮大而呈现明显的"高烧"状态，其指温差值往往持续位于零下，进而逐渐变色、衰老和干枯。其中较为典型的是楸树下部叶片（图9a，叶序9、叶序10、叶序11）在持续的高烧指温差呈负值之后叶尖叶缘呈现明显的枯萎。相比之下，上部叶片指温差为正值，最大可达6℃-7℃，其叶温偏低，叶色浓绿且没有焦尖现象的发生。火炬树始于老龄叶片的叶色变红则是另一典型事例（图9c，叶序16），经观测，下部叶片之所以秋季率先变红，与其指温差值持续的低于零值的"发烧"有关。不仅如此，下部叶片的"发烧"状态，甚至可以追溯到更早的夏季（图9b）。

另外，应用热红外成像技术检测表明，这时不仅火炬树叶片随叶序（从上到下）的增加而指温差呈降低趋势，而且将叶片摘下后的叶痕处也可以检测出明显的随叶序从上向下的增加而升高的热温值。这意味着树木输导系统的阻塞和供水能力的逐渐减弱才是叶片发烧的根本原因。而下部叶片率先变红（图9d）仅仅是叶片应对持续的水分和能量失衡而诱发的光保护响应。大量的切断火炬树小叶主脉后叶尖的变红为此提供了第一手的实验证据（王斐等，2017）

显然，在叶片发育初期气孔尚未完善、叶片表皮角质层逐渐分化形成的

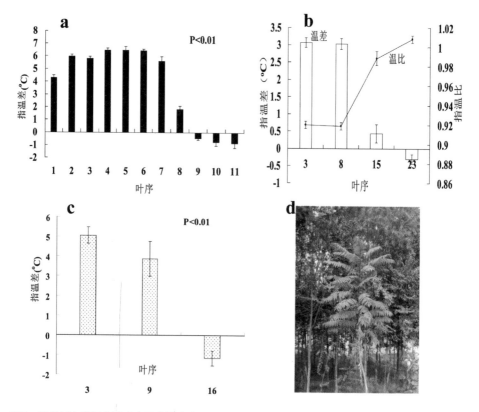

图9 秋季树木常见的按叶序呈现的叶片异质性特征和指温差指数变化趋势；a. 楸树按叶序的指温差指数数值；b. 夏季火炬树按叶序的指温差值和指温比的变化；c. 火炬树秋季按叶序的指温差数值；d. 火炬树秋季始于下部叶片的叶色的变红及叶尖叶缘枯萎之RGB图像。

窗口期（王斐等，2017）和落叶前输导系统阻塞和离层形成的窗口期，往往出现叶片持续的高热温或者指温差的负值。而且成为叶片蒸腾表面积缩减和光保护性变色的诱发因素。

不同植物适应环境的特征各不相同，相对于常绿针阔叶树种而言，落叶阔叶树种往往因叶片角质和蜡质稀薄而角质蒸腾量较大。一年生或多年生的草本植物一般情况下角质蒸腾能力更加旺盛。一些草本植物或木本落叶树种往往气孔蒸腾也很旺盛，有些树种的叶片甚至两面均有气孔。据观测叶片两面均有气孔的灰蒿和柳树叶片正面的指温差值甚至明显大于反面（图10a，

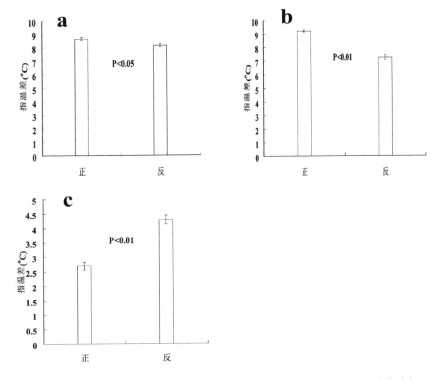

图10 灰蒿、柳树和五角枫叶片正反面指温差指数的对比；a.灰蒿叶片正反面指温差的对比；b.柳树叶片正反面指温差的对比；c.五角枫叶片正反面指温差的对比。

10b）。相比之下，正面没有气孔的五角枫叶片，其正面比反面的指温差值小得多（图10c）。

尽管同一树种因不同的测试环境，其指温差值差异较大，而且在相同环境条件下不同日期所观测到的指温差值也不尽相同，但是不同植物种之间因角质蒸腾或气孔蒸腾等的异质性则呈现更加明显的指温差的差异（图11a）。

例如，就叶片背面而言，即使在极端干热的夏季草本植物灰蒿等的指温差指数常呈正值，它们靠大量蒸腾水分来维持叶片高效的光合生产状态，一旦遭遇极端干旱、水分供应困难，往往在枯萎之前迅速开花结实结束其生命周期。一些蒸腾旺盛的木本植物在干旱来临时常通过局部落叶缩减蒸腾表面积而减少植物体耗水量，而单叶蒸腾水平降低并不明显，进而维持较低的叶温或较高的指温差数值。类似的杨、柳等树种通常情况下适合栽培在地势平坦的河边。在干旱瘠薄的山地往往因水分供求失衡而生长不佳甚至枯萎死亡。

相比之下一些外来的花灌木树种往往出现明显的"发烧"（指温差负值）状态，如紫玉兰、紫叶紫荆等，也有一些本地的乡土乔木、灌木树种介于二者之间（图11a，11b）。

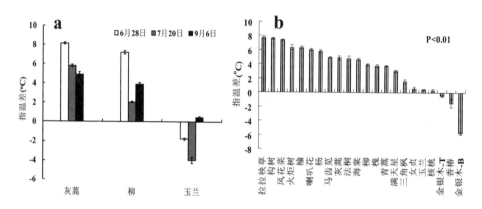

图11　济南饮马泉苗圃低洼立地不同植物指温差值的比较；a. 灰蒿、柳和玉兰植株2018年6月28日、7月20日和9月6日指温差值的测定结果；b. 21种草本、木本植物指温差的对比；其中金银木–T是指金银木的叶尖部位，金银木–B是其叶基部位。

除此之外，一些树种适生于热带森林内阴湿的环境，没有在上层林木疏开后加速生长的能力，也没有进入上层林冠生长的遗传适应性。其中包括适宜庇荫环境的椴木、美洲铁木、北美鹅耳枥、冬青等（斯皮尔，1981），其本质属性是下层林木。一些外来的草本花卉和灌木也适应于热带森林冠层下方的庇荫环境，还有些栽培植物种来自于高海拔的低温林地环境之中。这些物种被引种到地面辐射较强且干燥的低海拔全光照环境中，在阳光直射下难免呈"发烧"状态。

例如在夏季晴朗的中午之强光照射下，尽管富贵竹叶片的指温差按叶序有逐渐增大的趋势，但这些叶片的指温差值整体上均小于零，呈现明显的指温差负值（"发烧"）状态（图12a）。相比之下，黛粉万年青叶片的幼叶角质蒸腾更加旺盛（详细叙述见下一章）而指温差随叶序的增大有减小的趋势，在直射阳光的照射下，整体上也呈现"发烧"状态。充分体现了这些耐阴植物的厌强光习性（图12a，12b）。

除此之外，在夏季同样观测到耐阴的凤梨花叶片叶温偏高，有指温差指数小于零的倾向（图13b）。且顶部红色幼叶指温差更小、下部绿色成熟叶的指温差较大。

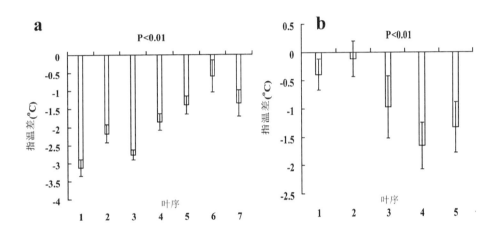

图12　耐阴花卉植物夏季阳光直射下按叶序的叶片指温差值；a. 富贵竹；b. 黛粉万年青。

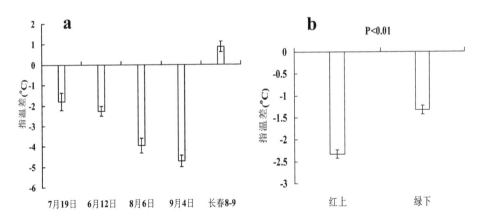

图13　喜阴耐寒花卉和灌木树种夏、秋季节阳光直射下指温差值；a. 济南6、7、8、9月和长春8月9日的紫丁香叶片指温差观测值对比；b.凤梨花上部红色叶片（红上）和下部绿色叶片（绿下）指温差的对比。

就常生长于高海拔地区、喜阴耐寒的丁香而言，尽管在济南不同日期观测到的指温差值不尽相同，且伴随着气象干旱的发生而叶片严重"发烧"。但是，在气温明显偏低的长春我们观测到了正常生长而指温差为正值的丁香（图13a）。为了避免因气温不同而造成观测数据的不可比性。我们在秋季的9月4日气温与长春8月9日相当的阳光直射条件下测定济南的紫丁香植株，结果仍然为负值。丁香叶片这种高温"发烧"状态甚至可以持续到10月底的中午时分。

我国是丁香属树种的原产国和集中分布区，丁香属的树种大多是原产海拔800-4000米的山地树种（臧淑英等，1990）。人工将丁香树引种栽植于夏季高温、高湿地区时，因环境条件的变化，极易引起一些病虫的危害。在我国西北和东北地区引种栽培的丁香病虫危害较少。而在北京、华北以及华东、华中地区引种栽培的丁香，由于夏季高温多雨，病虫危害时有发生。这与持续"发烧"状态下的生命力衰减不无关系。

2018年春在山东省林业科学研究院饮马泉苗圃设置水淹试验，试验设计3树种（玉兰、紫荆和法桐）3株重复和水沟与平台两处理，水沟深约80cm。春季3月中旬植苗，持续生长到雨季。待大到暴雨降临时保持沟内积水。2018年6-8月份济南市因数次台风的袭扰降雨很多。其中，6月下旬的136.9mm大暴雨造成苗圃积水严重，试验水沟积水5-7天。在阳光直射的6月28日中午观测的指温差表明，三树种均表现出一定程度的受淹植株指温差更低的特征。但是树种之间差异显著，玉兰无论上部叶片（图14a）还是下部叶片（图14b），无论沟内（淹）还是台田（台）上的植株，其指温差测定值总是处于"发烧"的负值状态；紫荆上部叶片指温差均大于零，而下部叶片分化严重，指温差往往小于零，也呈现一定程度的"发烧"特征；相比之下，台田和沟内的法桐植株，无论上部叶片还是下部叶片指温差值均大于零，即使叶温偏高者也并未"发烧"。

因6月初到7月末持续的少雨使土壤水分亏缺严重，尽管7月的降雨量也不小，并未造成试验水沟内的积水。8月台风1814号和1818号来袭时超强降水再一次使试验水沟积水7–10日，且午间沟内水温高达36.6℃。沟内受淹紫荆叶片干焦枯死（图14d），与台田上仍然存活的植株形成鲜明的对比（图14e）。沟内绝大多数玉兰植株干枯死亡，只有个别仅剩1–2个叶片的植株还勉强活着；而台田上唯一存活下来的玉兰植株也只有十几个叶片，且叶片依然处于持续"发烧"的状态。其实，在济南市区地势较高的厚层褐土区玉兰叶片，在同样观测到指温差负值的同时，其叶尖叶缘常出现失绿褪色或者干焦的逆境胁迫状态。

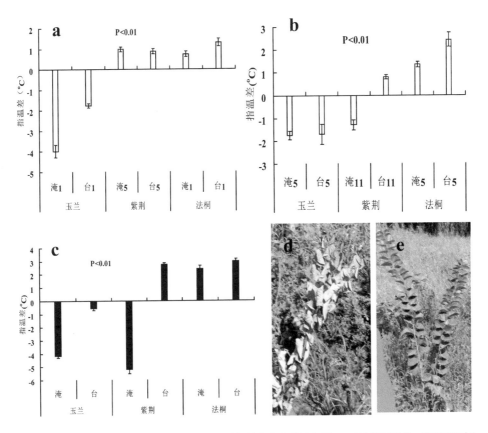

图14 水淹和阳光直射的环境中玉兰、紫荆和法桐的水分和能量失衡；a. 6月28日玉兰、紫荆和法桐水沟受淹（淹）和台田对照（台）植株之上部叶序（数字）的指温差值；；b. 6月28日玉兰、紫荆和法桐水沟受淹（淹）和台田对比（台）植株之下部叶序（数字）的指温差值；c. 8月26日玉兰、紫荆和法桐水沟受淹（淹）和台田对比（台）植株之下部叶序（数字）的指温差值；d. 8月26日受淹紫荆植株干枯的RGB图像；e. 对照紫荆植株的RGB图像。

经过数日高温和水淹，6月28日不仅检测到受淹的紫荆植株低于玉兰的指温差数值（图14c），而且叶角比台田上的植株明显增大（图15a）。相比之下，尽管沟内受淹法桐植株的叶角也有所增加，但是沟内和台田上的法桐植株之叶角远没有达到统计学上有意义的显著差异（图15b）。结果是几天后沟内紫荆植株的叶片干焦、整株死亡。相比之下，在沟内的法桐植株无一呈现明显的"发烧"状态，尽管法桐植株生长较好，但是沟内水淹植株长势明显不如台田栽培的植株。

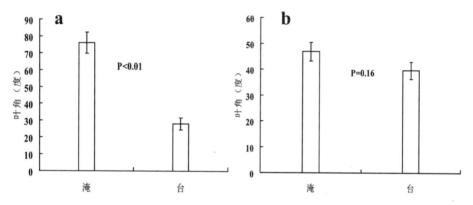

图15　紫荆、法桐受淹植株叶角的变化；a. 紫荆沟内受淹植株（淹）和台田对照植株（台）叶角的观测值；b. 法桐沟内受淹植株（淹）和台田对照植株（台）叶角的观测值；有关叶角的测定方法见附录7。

显然，夏季土壤渍害对树木的影响最为突出地表现在诱发树体水分和能量失衡而呈现发烧的高叶温（指温差负值），进而影响树木的生长和成活。就紫玉兰而言，持续的高烧使得植株难以存活，存活下来的植株也是勉强维持生命，其生长量则微乎其微（图16a）。紫荆也怕水淹，水沟内受淹的植株最终还是没能逃过枯萎的命运（图16b）。即使台田上存活下来的植株其生长量也远不及不发烧的法国梧桐（图16a）。在当年生长季结束时，法桐平均高生长量接近3米，在水沟内受淹的植株也有2米多。尽管玉兰和法桐均属于外来树种，能够持续维持水分和能量平衡而指温差常为正值的法桐在山东省内适应能力更加优异，栽培也更加广泛。

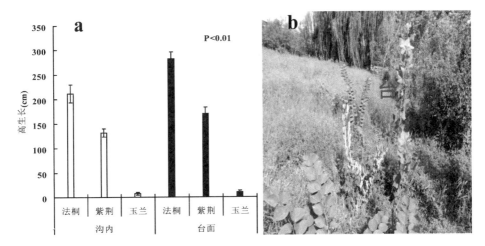

图16 水淹对玉兰、紫荆和法桐当年高生长量的影响；a. 2018年沟内和台面植株当年生高长量的对比；b. 沟内和台田紫荆和法桐树高对比图。

总而言之，不管是光照过强过弱、水分过多还是过少、气温过高过低以及土壤盐分的胁迫等等均是外部的环境胁迫因素，它们往往通过影响树木内部的水分、能量和物质的平衡而起作用。其中指温差值就是一种检测树木水分和能量失衡的重要工具。而指温差负值往往是树木遭受严重胁迫的重要临界指标。通过大量的观测以及对一些树木的研究，其预测能力已经在一些乡土树种和外来树种观测中得到验证。

参考文献 --➤

Brouwer R. Water movement across the root. In The state and movement of water in living organisms Ed. G.E. Fogg，Symp［J］. Soc. Exp. Biol.，1965，19：131-149.

陈尚谟，黄寿波，温福光. 果树气象学［M］. 北京：气象出版社，1988，54.

Daubenmire RF. Plants and environments［M］. John Wiley & Sons，1959，156-209.

Donald R. When there is too much light［J］. Plant Physiol，2001，125：29-32.

Fitter A.H. and Hay R.K.M. Environmental physiology of plants［M］，Academic Press，2002，162-190.

Gates D.M. Transpiration and leaf temperature［J］. Ann. Rev. Plant Physiol., 1968, 19: 211-238.

Henrici M. Temperautres of karroo plants［J］. South Africa Journal of Science, 1955, 51: 245-248.

Kramer P.J. Water relation of plants［M］, Academic Press, New York, 1983, 1-10, 164-185.

Lange O.L., Kappen L. and Schulze E-D. Water and Plant Life［M］, Springer-Verlag, Berlin Heidelberg, 1976, 492-503, 143-145.

Larcher W. Physiolosical plant ecology［M］, Springer-Verlag Berlin Heidelberg New York, 1975, 267, 272.

Levitt J. Response of plant to environmental stresses［M］. Academic press, New York and London, 1972, 276-280.

Ljunger C. Introductory investigations of ions and thermo resistance［J］. Physiology of Plants, 1962, 15: 148-160.

Mansfield T.A. and Jones M.B. Photosynthesis: Leaf and Whole Plant Aspect. In Hall M. A. eds. Plant Structure, Function and Adaptation［M］. Landon; Basingstoke: Macmillan Press Ltd., 1976, 315.

Rosenberg N.J. Microclimate: The Biological Environment［M］. Jone Wiley & Sons, Inc., New York; London, 1974, 69-156.

斯波尔 SH, 巴恩斯 BV 著, 赵克绳, 周祉译. 森林生态学［M］. 北京: 中国林业出版社, 1982, 298-299.

Slavik B. Methods of studying plant water relations［M］. Springer-Verlag Berlin, Heidelberg, New York, 1974, 284-285.

Stace C.A. Plants taxonomy and biosys tematics［M］. Edward Arnold, 1980, 218-219.

Turner N.C. and Kramer P.J. Adaptation of plants to water and high temperature stress［M］. Jone and Wiley & Sons, New York, 1980, 236-243.

王斐, 吴德军, 翟国锋, 臧丽鹏. 侧柏衰弱木和蛀干害虫受害木的热红外成像检测［J］. 光谱学与光谱分析, 2015, 35 (12): 3410-3415.

王斐, 张继权. 木本植物响应环境胁迫的重要特征和机制［M］. 北京: 科学出版社, 2017, 1-314.

臧淑英, 刘更喜. 丁香［M］. 北京: 中国林业出版社, 1990, 1-6.

2

植物水分和能量失衡中光合叶面积的滞育和缩减

2.1 引言

持续的植物水分和能量失衡不仅表现在其叶变色、叶尖叶缘焦枯和整株枯萎等特征，而且涉及其营养平衡、抗逆能力和生长发育甚至包括结构和功能的变化。作为第一性生产力的绿色植物，其主要功能在于固定空气中的二氧化碳、通过光合作用生产有机物质。叶绿素是这一过程的关键物质载体，叶片内叶绿素的数量是决定生产能力高低的主要因素。自古以来，人们对植物叶绿素消长变化的研究源远流长，有关叶绿素缺乏或丧失的问题也是一个众说纷纭的问题，尤其是逆境胁迫下的植物失绿症的研究（Daubenmire，1959；Jones，1983；Warming，1909；Kozlowski，1984；Kramer，1983）。叶绿素不足或叶变黄被认为是由于矿质平衡受到破坏（缺素症），或者由于叶子遭受脱水、伤害或有毒气体影响所致（Larcher，1975）。而众多的热带植物幼年期表现出来的迟绿现象，也被认为是营养缺乏而导致的一种用来抵御食叶昆虫侵害的保护色（Lambers et. al.，1998；Numata et. al.，2004）。

其实，光照不足、病害（Silva-Stenico et. al.，2009）和低温冻害（Jones，1938）也会诱发植物或树木的缺绿症状。有些黄化病症被认为是土壤排水、通气不良（Kozlowski，1984）以及土壤瘠薄引起的（周仲明，1981）。也有学者持光氧化胁迫或光保护等论点（Feierabend and Winkelhüsener，1982；Cai et. al.，2005；易现峰等，2005），尤其是盐碱地或缺铁的土壤环境中盛行的缺铁黄化病（Boyce，1961；Bidwell，1979；Kozlowski and Pallardy，1997）。而在土壤或树体内铁等元素含量并不低的前提下发生的缺铁症常被解释为铁元素处于不能被植物吸收的沉淀态而不易于转化还原（坂村，1958）。然而一些补铁试验的效果并非十分理想（李国银等，1997），原因很简单，植物生长在一个完整的土壤—植物—大气连续统一体之中，这些以偏重土壤研究为基础的理论往往会面临整体科学系统的挑战。

Crawford（1976）认为"缺铁黄化症更加常见于那些被迫生长在较高pH的土壤上而又不适应的植物种"。更多的铁、锌、铜等微量元素缺乏症发生在外来树种面临不适的土壤和气候条件之时（Kramer和Kozlowski，1985）。杜鹃和其他一些植物的缺绿症通常被认为是石灰性土壤引起的，实际上是由于干旱造成的，因为在干燥的土壤中盐类吸收的降低（Kramer和Kozlowski，1960）。Daubenmire（1959）曾指出："在许多情况下，全光照的光线（对植物）的确是过强的，强光减低小麦细胞液的酸度而引起的缺绿病通常被认为是由于pH妨碍了铁的转化，此类生理学的解释含混不清"。在强光的有害作用下，包括促进蒸腾的作用，一些穿过组织的光线常常变为长波辐射，所以光的影响永远不能与热的影响相分离。植物生理学家Kramer（1983）则认为，温度对植物的影响部分是通过作用于其水分关系来实现的。因为温度的升高往往伴随着蒸发蒸腾速率的增加。Bjökman等（1981）称水分胁迫增加了夹竹桃叶片对光抑制的敏感性，而且水势低于-0.5Mpa抑制叶绿素蛋白的合成，减少叶绿素b的累积。Bhardwaj等（1981）发现水分胁迫促进叶绿素的分解，而Sanchez（1983）的研究表明水分胁迫造成的叶绿素含量降低与氮素的缺乏无关。Alberte（1977）发现C4植物玉米叶片中叶绿素的丢失（失绿）大多发生于叶肉细胞内而很少发生在维管束鞘之中。

Jones（1983）更加明确地指出："过高的光强能破坏光合系统，尤其是阴叶或光合代谢遭受高温或水分胁迫的叶片。对于光合系统的损害会导致漂白叶绿素的光氧化发生"。作为光合作用的内在因素，水分含量比叶绿素量对光合强度影响更大。衰老叶片中常看到光合作用降低的现象，在远离维管束、供水欠佳的细胞中最容易发生该类光合衰减（坂村，1958）。

Mansfield和Jones（1976）则从植物整体的角度论断，"在有充足的水分条件下，过量的光照和高温不足以对已经适应了当地环境的植物造成伤害"。因此，与辐射有关的植物结构和功能的差异程度，到底是由于加热造成的，或者是由于变干而产生的结果，还难以确定。而植物适光变态与适旱变态的相似特征意味着水分和能量的协调平衡与否是决定植物受害与否的关键。

为此，我们应用数字图像解析、热红外成像检测、显微观察和水培等生态信息学方法（王斐等，2017）进行了全新的定位。在检测植物水分和能量的代谢平衡问题的同时，对夏、秋季节紫薇、贴梗海棠等树木失绿褪色和黛粉万年青、花叶芦竹等观赏花卉的局部迟绿现象进行了深入的研究。通过叶片保水能力、水分输导能力和气孔发育状况等的研究表明，植物叶片局部的迟绿、失绿褪色是光合叶面积滞育和缩减的重要表现形式，是植物体局部的水分和能量失衡状态下的叶绿素合成和分解的逆转，是植物适应逆境的重要手段。维持适度或者较小的光合叶面积有益于植物适应极端环境。一系列能诱发植物体水分和能量失衡的内外因素均有可能导致植物光合叶面积的滞育和缩减。

2.2　植物叶片持水能力与光合叶面积的滞育

在植物叶片生长发育初期，细胞和组织处于逐渐分化的窗口期，表皮幼嫩、角质层尚未发育或发育不完善、持水能力很差，而且气孔也尚未发育或者发育不完善。这时叶片迟绿（Lambers，1998）或者续红现象较为常见（王斐等，2017），尤其是热带的乔、灌木或草本观赏植物。

为了研究这些植物叶片的持水能力，我们从新栽植的树苗或幼树上选择当年抽生新枝，按叶序将枝叶分开。置于干燥的室温（气温20℃-30℃和相对湿度40%-60%）环境中。按一定的时间间隔（1、1、2、2、3、3、5、7、8、8、8……小时），用电子天平称重法测定各时段的失水率，并以此失水率的高低估测其保水能力（或角质层蒸腾）的强弱。其计称方法见附录2。

研究结果表明，喜欢湿润环境的阳生草本植物花叶芦竹（图17a，—●—），其幼叶离体后的持水能力与一些热带阴生草本植物相比明显更低；这些幼叶因没有叶绿素而呈无色或白色，即处于迟绿的光合叶面积滞育状态。随叶序的增加叶片持水能力也逐渐变强（图17c），而且逐渐从纵向带状局部变绿再到整叶变绿。相比之下，热带阴生观赏植物黛粉万年青（图17a，—○—）、绿萝（图17a，—△—）和富贵竹（图17a，—◆—）的持水能力相对较强（图17a）。在花叶芦竹叶片已经干燥到不再进一步失水的时刻，黛粉万年青、绿萝和富贵竹等阴生观赏植物的叶片仅仅失去约1/3的水分。

若将试验时间加长，初生幼叶的中脉周边常表现迟绿而无叶绿素生成的黛粉万年青比整叶绿色的绿萝和富贵竹的角质蒸腾耗水高峰期来的更早。相比之下，叶片持续维持绿色的绿萝和富贵竹则保水能力最强，可以持续数周到月余尚未与室内环境达到平衡（图17b）。显然，叶片的持水能力对维持叶绿素稳定和较高的光合叶面积具有重要的作用。凤梨花叶片从幼叶到成熟叶的过渡时期，叶片往往呈现从叶尖到叶基逐渐变绿的特征；较为典型的叶片可以从叶尖到叶基分成绿、红绿和红的三段。为了确定叶色与持水能力的关系，以此绿、红绿和红三段分割的叶片片段作为测定的基本单元进行持水能力的测试。为了保证数据的可比性，同时尽可能使得切口大小均匀一致。结果表明叶片持水能力从上到下逐渐降低（图17d）。显然，这是单子叶植物叶片向基发育和分化的基本属性。也进一步说明叶片角质层的发育和完善对于维持绿色叶片或较高的光合叶面积具有不可小视的作用。

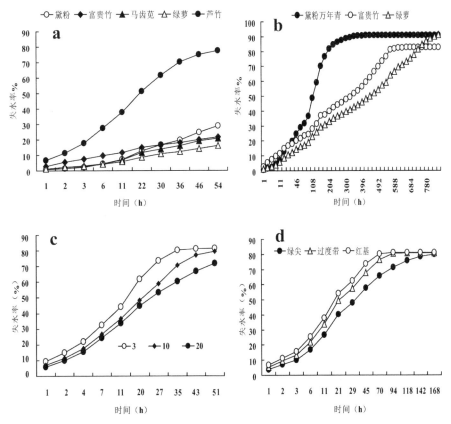

图17　阳性植物花叶芦竹（芦竹）、阴性植物黛粉万年青（黛粉）、富贵竹和绿萝之离体叶片以及不同叶序的叶片或部位的保水能力比较；a. 阳性植物花叶芦竹与阴性植物黛粉万年青、富贵竹和绿萝离体叶片失水变化的时间序列；b. 阴性观赏花卉离体叶片失水变化的时间序列；c. 花叶芦竹3、10和20叶序之离体叶片的失水变化的时间序列；d. 凤梨花红绿相间叶片不同部位失水变化的时间序列；有关失水率或者保水能力的测定方法见附录2。

　　斑叶马齿苋（图18a）与绿萝（图18b）相比叶片持水能力稍弱，尤其是初生幼叶。在极端的环境条件下和特殊栽培处理中，斑叶马齿苋易于发生幼叶的迟绿（或续红）。在花卉生产实践中常常通过截枝促萌的方法创造极具观赏价值的红边白面幼叶（图18d-1，图18d-2）。截枝后打破了地上地下的组织结构平衡，促使婴幼叶大量萌生；幼叶表皮稚嫩、角质发育不完善、持水能力低、对环境变化更加敏感，因此在持续的水分供求失衡和能量失调的过程中大量的幼叶迟绿、变红，进而呈现独特的观叶效果。

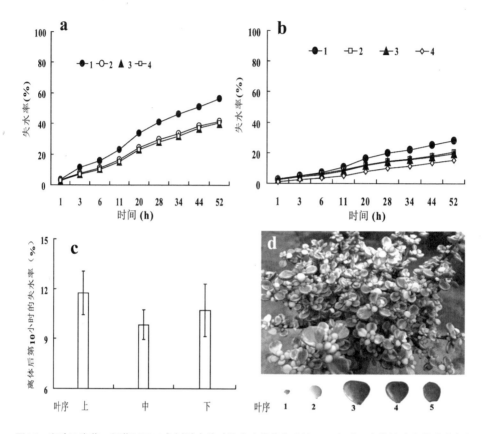

图18　斑叶马齿苋、绿萝以及15个树种离体叶片失水趋势和比较；a. 斑叶马齿苋按叶序的叶片失水曲线；b. 绿萝按叶序的叶片失水曲线；c. 15个树种按叶序区分的上、中、下部离体叶片失水速率的比较；d. 斑叶马齿苋按叶序从上向下（1-5）叶色变化的RGB图像。

　　此外，我们对济南常见的15个树种（包括：红叶杨、黄栌、四照花、红叶石楠、北美红枫、火炬树、北美枫香、元宝枫、银杏、淡竹、侧柏、黑松、女贞、冬青卫矛、扶芳藤）叶片离体后第10小时（失水峰值期）的失水率的观测表明，按叶序上部的幼叶与中、下部成熟叶相比具有较高的平均失水率（图18c）。在这些树种中有3/5是幼叶迟绿的红叶树种，其幼叶常含有较少的叶绿素。而幼叶维持绿色的树种大多叶片的持水能力更强，如侧柏、黑松、冬青卫矛、女贞和银杏。就常绿的近缘种冬青卫矛和扶芳藤而言，幼叶常呈红或紫红色的扶芳藤其叶片的持水能力比幼叶浅绿色的冬青卫矛明显较低，其叶片单位面积的重量或厚度也小于冬青卫矛（王斐等，2017）。显然，植物叶片角质层保水能力是维持其水分和能量平衡的重要环节，也是不可忽视的维持叶绿素稳定和光合叶面积的重要因素。

2.3 输导系统的供水能力与光合叶面积的滞育

除保持水分的能力以外，植物的水分输导能力同样是影响其能量平衡、叶绿素合成以及光合作用能力的重要因素。最为突出的表现在叶片非均质的供水能力和叶绿素分布与这种供水能力的一致性。金边虎尾兰嵌合体常具有G/L值偏低的黄色叶缘，相对于叶片绿色中心部位而言，黄色叶缘部位维管束稀疏而纤细、横向切口的水分蒸发蒸腾明显地偏弱，可以监测到较低的指温差和较高的热温值（图19a）。这意味着嵌合体边缘供水能力的低下，持续的水分和能量相对失衡导致叶片边缘叶绿素的匮乏，即光合叶面积的滞育。

其实，半侧续红的红叶杨镶嵌体叶片（图19b）因输导系统受阻使得叶片红半侧叶痕的热温值明显高于绿半侧（图19b-1），叶片红半侧的叶痕指温差与绿半侧叶痕指温差差异极显著（图19b）。在续红的部位，不仅叶片产生大量花色素，而且生长缓慢，以至于整个叶片畸形发育，且红半侧叶面积明显较小。

叶尖叶缘局部缺乏叶绿素的热带观赏树种花叶榕，同样因白色边缘（图19d）的微创切口处因蒸腾蒸发偏弱而检测到相对较高的热温（图19d-1），且外溢的乳汁更少甚至没有（图19d-1）。沿中央叶脉周边的绿色部位之切口处（图19d）热温明显偏低（图19c-成熟叶，19d-1），而且有明显的乳汁渗出（图19d-渗出乳汁）。相比之下，呈黄绿色的幼叶边缘与中央绿色部位之间的热温差异也达到统计学显著水平（图19c-幼叶）。迟绿的浅色幼叶边缘比褪色的成熟叶白色边缘切口热温更低，并且达到统计学的显著水平

（图19c-白边）。一定意义上讲，花叶榕叶片绿色光合叶面积的范围与叶片维持水分平衡的能力相一致。

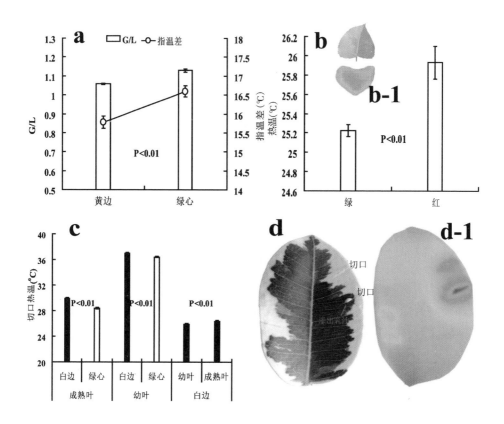

图19　由热红外成像仪监测到的植物水分输导和叶绿素分布的异质性；a. 虎尾兰黄边和绿色中心部位的G/L值和指温差比较；b. 红叶杨叶痕的红半侧（红）和绿半侧（绿）的热红外和RGB图像（b-1）；c. 花叶榕幼叶、成熟叶的白边与绿心之间以及白边之间的切口热温值对比；d. 花叶榕白色边缘与绿色部位切口的RGB图像和热红外图像（d-1）。

黄栌作为我国北方重要的观叶树种之一，秋季叶片变红现象明显。然而有些植株时而也会呈现图20a-花叶的脉间黄化叶片。对此我们应用生长锥对山东大学南校区门外黄栌的绿叶植株和脉间黄化的花叶植株进行树干解析研究。在分别钻取各自木芯后，在阳光直射的环境中检测木芯的指温差数值。结果表明，黄栌正常绿叶植株的叶片指温差较大（图20a-正常），而花叶植株的叶片指温差较小（图20a-花叶），热温偏高。另一方面，黄栌绿叶植株树干的白色边材宽度大，含水率较高，指温差维持稳定的时间较长（图20b，-●-）；相比之下花叶植株边材含混不清，以黄色心材为主，在阳光直射下指温差迅速下降（图20b，-○-）。据观察，在高大的法国梧桐植株压迫和遮盖之下花叶植株生长衰退且大部分叶片为单薄的阴生叶。经历夏季高温干热天气时，由于输导系统的供水能力不足而发生严重的水分和能量失衡。叶尖和脉间远离SPAC系统核心的部位失绿变黄直至干焦。

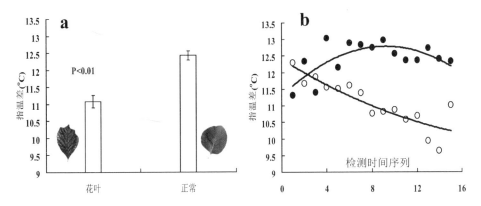

图20 黄栌正常和花叶植株指温差值的观测对比；a. 花叶树和正常树之间树干钻口部位指温差的对比；b. 花叶植株（-○-）和正常植株（-●-）树干木芯在阳光直射下指温差的动态变化。

山东省济南市燕子山上的荆条秋季也有变成暗红色的现象，尤其是山丘上部土层浅薄的裸岩山地上受干热胁迫严重的植株。在燕子山上土层浅薄之处，夏、秋季节桑树、臭椿、荆条、酸枣、构树、君千子等等在一定程度上均有叶尖叶缘和脉间失绿黄化症状的发生。这些植株往往因山地供水能力不足和水分再分配的缘故而呈现明显的指温差负值状态。

木瓜及近缘灌木树种贴梗海棠对于黏重土壤以及积水、涝灾的适应能力欠佳。在土壤积水、气候干热的环境中，往往呈现迟绿的嫩叶。这些幼叶因叶绿素滞育而呈现黄或白色（图21c）。与正常的绿叶相比其G/L值相对较小，而且差异显著（图21d）。不仅如此，在叶片黄化的同一植株上，因枝条萌生部位的不同而差别巨大。时而某枝条上的叶片呈滞育的黄色，而另一枝条上呈正常绿色。如果在这些主枝基部划伤表皮形成窄缝似的微创伤口，然后用热红外成像仪检测其热温值，结果发现光合叶面积滞育叶片着生枝的指温差明显小于正常绿叶着生枝的指温差值（图21b）。也就是说，在土壤湿度过大、根系受淹之后，一部分分枝因输导系统阻塞而呈现明显的供水能力下降。从而引发了叶片水分和能量失衡和叶绿素的滞育。其实，类似的资源异质再分配的现象在许多树种上时有发生。在我国北方干旱地区时常可以看到许多树种春季不同枝干部位呈现差速的萌芽展叶习性，其中国槐就是典型的事例之一。春季刚发芽展叶之时，一部分枝条已经发芽开始展叶，而另一些枝条仍然呈现无叶的冬态特征。

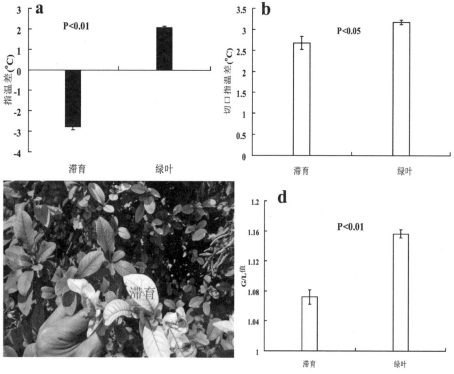

图21 贴梗海棠和木瓜叶片光合叶面积滞育与水分和能量失衡；a. 光合叶面积滞育叶片（滞育）和正常绿叶（绿叶）之间观测到的指温差的差别；b. 光合叶面积滞育和具有正常绿叶的木瓜之主枝基部微创切口的指温差对比；c. 贴梗海棠光合叶面积滞育叶片和正常绿叶的RGB图像；d. 贴梗海棠光合叶面积滞育叶片和正常绿叶的G/L值差异。

　　若在阳光直射的中午直接用热红外成像仪检测光合叶面积滞育的白色（黄白色）贴梗海棠叶片和正常绿色叶片的指温差，结果差异极其显著（P<0.01），且光合叶面积滞育叶片往往呈现负的指温差值（图21a），也就是说，呈现明显的"发烧"状态。显然，木瓜或贴梗海棠叶片迟绿黄化在一定意义上成为水分和能量失衡诱发光合叶面积滞育理论的重要论据。

　　金叶女贞是木樨科女贞属的常绿灌木，因其叶片迟绿或黄化（图22a）而常与一些叶片浓绿的树种搭配成为广场绿地、公园和街道绿化组图的重要植物材料。该树种对春夏之交的干旱以及阳光直射较为敏感。在极端干热的夏季强光照射下，部分叶片常发生局部或整叶的失绿褪色现象。叶片呈黄绿、黄色或白色，而在雨季连续降雨之后或者树荫之下叶片转绿。为了深入研究金叶女贞叶片光合叶面积滞育的机理，笔者专门设计了水培试验研究。在春末夏初，剪取具有黄、白或浅黄色叶片的金叶女贞枝条，在水中剪除1cm左右的枝基，以便消除可能出现的气栓。然后插入盛满500mL蒸馏水的水瓶。置于室内散射光和隔窗直射阳光环境中进行水培，并随液面的下降随时补充蒸馏水，以保持充足的水分供应。

　　结果表明，在室内水培5天后（图22e-5//10）的金叶女贞叶片与同一叶片水培开始时（图22e-5//4）的G/L值相比有明显的提高。也就是说，经过5天的水培光合叶面积滞育的金叶女贞叶片的叶色明显转绿。而且与室外自然光照环境中的叶片（图22e-室外CK）相比，其G/L值变化更大（图22e）。更有甚者，经过两到三周的水培，一些枝条从基部萌生了新根，另外一些则没有。在干热的中午时刻，生根枝条的叶片指温差与未生根枝条的叶片指温差之间差异明显。无根的植株通常叶片指温差较小（图22f-无根）、叶片萎蔫、叶色黄绿、叶角也更大（图22g）；相反，有根的植株叶色浓绿（图22b）、指温差较大、叶角较小（图22f-有根和22g）。根系的萌发使得这些水培的金叶女贞植株持续存活、生长健壮，甚至在水培的环境中维持正常生长和浓绿叶片一年以上或更久。不仅如此，阳光直射与庇荫环境中水培且生根的植株之G/L值对比（图22h）表明，二者的G/L值或者说叶色之间没有统计学上有意义的差异（P=0.81）。也就是说，在水分充足的条件下阳光直射并非金叶女贞黄化叶色的主导因素。由根、茎等疏导系统供水不足而导至的水分失衡诱发光抑制才是问题的根源。

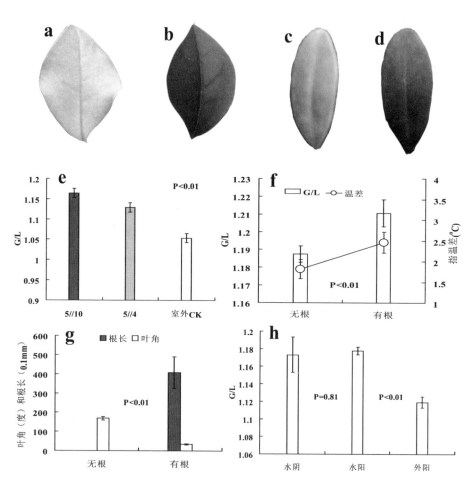

图22　金叶女贞叶色（G/L）、指温差和叶角与水培的关系；a. 金叶女贞黄色叶绿素滞育叶片的RGB图像；b. 金叶女贞水培生根后浓绿叶片的RGB图像；c. 龟甲冬青黄色叶绿素滞育叶片的RGB图像；d. 龟甲冬青水培10天后绿色叶片的RGB图像；e. 金叶女贞开始水培（5//4）、水培6天（5//10）和室外对照（室外CK）叶片之间叶色（G/L值）对比；f. 金叶女贞水培植株生根和未生根植株之叶色（G/L）和指温差值；g. 金叶女贞生根与未生根水培植株的叶角比较；h. 金叶女贞室内阳光直射下（水阳）或庇荫条件下（水阴）水培植株与室外全光下栽培的植株之G/L值比较。

在隔窗直射光和室内散射光环境中进行的金叶女贞水培试验同样表明，与水培前相比，无论是室内散射光还是隔窗阳光直射条件下叶色与水培前相比明显转绿（图23a），尽管散射光下叶色更加浓绿。在水培过程中，尤其是在阳光直射的环境下，由于蒸腾需水量大，根系尚未发育，有个别枝条时而叶片萎蔫，叶角增大（图23b）。其叶色比正常枝叶浅淡，G/L值偏小。显然，室外阳光直射下栽培的金叶女贞时常黄化、而树荫下呈绿或浅绿色的原因，是其来自根系的水分供应欠缺、气孔发育不完善，蒸腾冷却不足、在光照的作用下能量代谢失衡的缘故。一旦枝插水培生根、供水达到平衡，叶色迅速转绿，即使在阳光直射下也不例外。金叶女贞叶色黄化是其水分和能量失衡共同作用的表现形式。

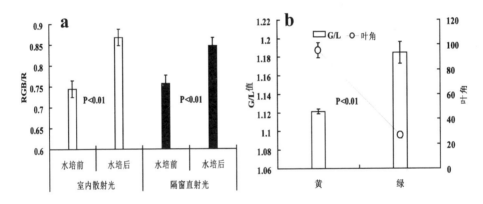

图23　金叶女贞水培试验结果；a. 室内散射光和隔窗直射光下，滞绿黄化金叶女贞叶片水培前和水培6天后叶片RGB/R值的对比；b. 在隔窗阳光直射下水培17天后，萎蔫黄化叶与正常绿色叶之间叶角和G/L值的对比。

通过类似的水培试验，使得叶片失绿黄化的常绿植物叶片复绿的还有龟甲冬青（图22c，22d）、栀子花等。栀子花水培易于生根，充足的水分解决了其水分和能量失衡的问题，所以叶片黄化问题也就迎刃而解了。其实一些落叶树种的黄化叶片也有潜力通过枝叶水培来解决。但是夏季往往因为叶片蒸腾过快、生根困难等进一步增加了其水分和能量的失衡，进而在没有生根成活之前就易于干焦枯死。

吊兰为原产非洲南部的龙舌兰科单子叶植物，而银心吊兰（图24a-C）和银边吊兰（图24a-M）一个中肋呈白色，一个叶缘呈黄/白色。作为喜欢温湿和半阴环境的观叶花卉，在适宜的遮荫环境中常发育正常的非迟绿叶片，在阳光直射下叶片易于焦尖，且白色（迟绿）条纹较为常见，尤其是新生的幼叶。那么，银心吊兰和银边吊兰为什么有如此大的差异呢？二者是否同样与其水分和能量代谢有关呢？

　　首先，作为一种具有单子叶和平行叶脉的植物，叶片的中肋并非像大多数双子叶植物叶那样就是中央主脉（Midrib）。叶片中肋不仅不是输导水分的核心部位而且是输导水分的短板所在，尤其是银心吊兰。据观测，在阳光直射环境中银心吊兰的白色中肋部位的叶片切口热温明显高于（95%可靠性）其绿色边缘部位（图24b）。说明绿色边缘供水能力优于白色中肋部位。在散射光环境下，银心吊兰同样是边缘供水性能优越，由切口蒸腾蒸发消耗潜热而使绿边呈现较低的热温，但是随着观测时间的延长和切口的愈合，绿色边缘和白色中肋的温差逐渐缩小。尽管银边吊兰的白色边缘在散射光环境中切口（图24e）热温起初较低，白边与绿心的热温差值为负数，但是随观测时间的延长，这种差异逐渐反转过来。绿色中肋之切口热温变得较低（图24c，24f）。显然，白色边缘供水能力的欠缺在持续的观测中显现出来。总之，无论银心吊兰还是银边吊兰，绿色部位总是具有一定的输水优越性。这与上述研究结果不约而同。相比之下，黛粉万年青在散射光环境中可以直接检测到绿色边缘较低的微创切口热温值（图24d）。显然，水分和能量维稳能力欠佳导致白色部位迟绿的产生。这是一种"主动"地以局部迟绿适应方式避免叶片因吸收过量的光能而受伤害；也就是说通过光合叶面积的滞育来缓解迅速增大的叶片受光量。

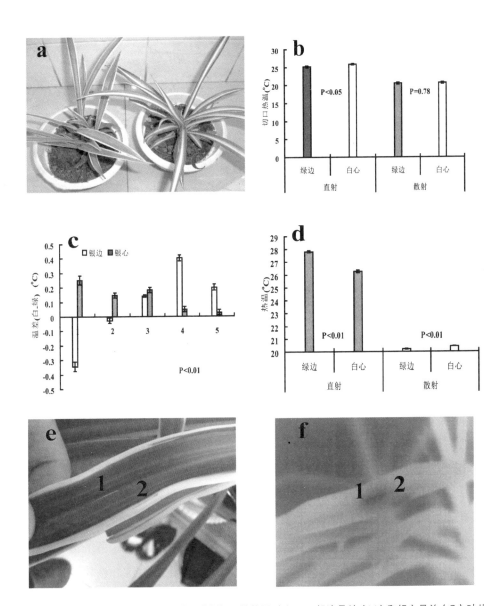

图24　阳光直射与室内散射光下叶片微创切口的热温对比；a. 银边吊兰（M）和银心吊兰（C）叶片的RGB图像；b. 在阳光直射和室内散射光下银心吊兰和银边吊兰叶片不同部位切口之热温的比较；c. 散射光环境中银心吊兰和银边吊兰叶片不同部位切口温差（白−绿）随观测时间顺序而变化的趋势；d. 黛粉万年青叶片绿色边缘（绿边）和白色中心（白心）部位之微创切口在阳光直射（直射）和室内散射光（散射）环境中的热温对比；e. 银边吊兰叶片绿心（1）和白边（2）切口部位的RGB图像；f. 图24e中银边吊兰叶片的热红外图像。

2.4 气孔发育与叶绿素含量的关系

银心吊兰的绿色边缘部位（绿边）比白色中肋部位（白心）除了具有明显的输水优越性之外，还拥有更大的气孔密度（图25a，P<0.01）；尽管银边吊兰绿色中肋（绿心）与白色边缘（白边）之间难以检测到统计学上有意义的气孔密度差异，绿色中肋的气孔长度则明显大于白色边缘（图25b，P≤0.01）。显然，气孔密度和气孔发育程度影响叶片光合叶面积的发育。

喜欢湿润环境的观叶植物花叶芦竹幼叶叶色浅淡甚至呈白色，幼叶叶色往往纵向分带变绿。叶片从小到大绿色条带逐渐增多，直到叶片成熟完全变绿。相对于成熟的绿色叶片而言，叶色浅淡的幼叶不仅角质蒸腾旺盛，而且无论叶片的正面还是背面叶片气孔密度较小（图25c，P<0.01），而绿色成熟叶片的气孔密度明显大于浅色的幼叶。

许多植物的叶片在逐渐发育的过程中呈现由无色到绿色的过程。其中某些植物的叶片因持续维持旺盛的角质蒸腾而以白色保持迟绿，也有一些因气孔未发育或发育不完善而以红色维持迟绿状态。也有许多植物逐渐从局部发育成熟到整叶的发育成熟，以至于呈现由无色到红色再到绿色的渐变性分块。其中凤梨花细长的叶片就是较为典型的事例。作为单子叶植物中叶片向基、向内发育的类群，凤梨花等植物往往在叶尖率先发育成熟。包括叶绿素的合成、气孔的发育以及角质蒸腾的衰减等等。其叶尖部位气孔密度的占比最高（图25d）。叶片按叶序成熟的顺序是下部叶片率先成熟而后向上渐进过渡，叶色从上向下则是由红转绿。每一叶片也从叶尖变绿成熟再逐渐向叶基延伸，气孔密度也是叶尖最大并逐步过渡到叶基。

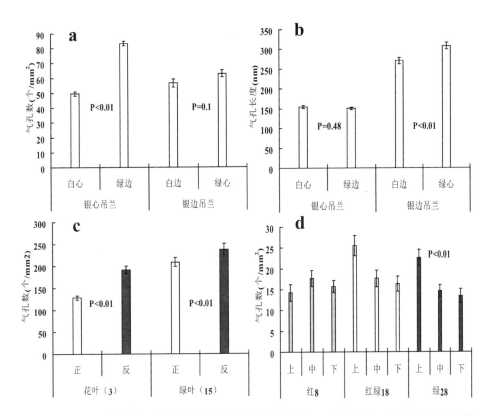

图25 银边吊兰、银心吊兰、花叶芦竹和凤梨花气孔发育的特征；a. 银边吊兰、银心吊兰叶片绿色部位和白色部位的气孔密度；b. 银边吊兰、银心吊兰叶片绿色部位和白色部位的气孔长度；c. 花叶芦竹迟绿花叶和成熟绿叶气孔密度的对比；d. 凤梨花按叶序的红色第8叶片、红绿相间的18叶片以及绿色的28叶片之上、中、下部位的气孔密度特征；有关气孔数、气孔密度和气孔长度的测定方法见附录8。

　　所以，由气孔密度及其发育程度主导的气孔蒸腾强度本身也间接为叶片绿色部位水分和能量平衡的优越性提供了又一佐证。从某种意义上而言，叶片蒸腾不仅不是"不可避免的祸害"（19世纪到20世纪期间曾经广泛认为蒸腾是一种"不可避免的祸害"），而且应该理解为水分和能量代谢平衡、叶片发育和光合叶面积形成的关键。

　　尽管如此，不同的植物类型在适应不同的生存环境中往往发育出各异的形态特征。其中叶片气孔密度随叶龄的增大存在明显的差异（图26a）。原产于热带地区的黛粉万年青也是幼叶局部迟绿的典型，作为一种较流行的多年生草本观赏植物，其幼叶在生长发育过程中卷曲成锥状，除叶缘因正常受光而变绿外，其余部分持续维持白色或无色直到叶片全部展开、叶面积不再增加为止。而后叶片逐渐转绿，此过程甚至可持续30到50天或更久。与大多数热带阴生植物相似，其叶片的气孔密度较低，据观测正常展开的叶片气孔数为20-30个/mm^2（落叶阔叶树一般在100-500个之间）。研究发现，卷筒的初生幼叶因叶片尚未充分展开，叶面积稍小，气孔密度较大（图26a）。伴随着叶片逐步展开叶片气孔密度逐渐减小并稳定下来。在卷筒的初生叶与其他叶序的叶片之间的气孔密度差异达到统计学意义上的极显著水平的同时，而在展开的叶片之间气孔密度没有统计学意义上的显著差异。这意味着在展叶过程中伴随着其叶面积的增加气孔数量没有明显的增加，以至于单位面积上的气孔数量反而降低。这与众多的温带阔叶树种明显地不同。另外，没有幼叶迟绿现象发生的热带植物，如绿萝、富贵竹等植物没有气孔密度随叶序的增加而减少的倾向（图26b）。

如前所述，角质层欠发育的嫩叶往往会呈现迟绿或续红的现象。一些适应干旱环境的肉质植物也一样。比如常常被做成观赏花卉的斑叶马齿苋，其幼叶或幼叶的顶尖部位往往迟绿。相对于绿色成熟叶或下部成熟部位，这些叶片或部位具有相对较多的气孔。但是这些气孔发育相对并不完善，气孔的大小和功能均难以与成熟叶片或部位相比（图26c）。之所以幼嫩叶片或部位单位面积上（mm^2）的气孔数量稍多，因为这些植物中的气孔仅在幼嫩阶段生长发育，到了成熟阶段尽管叶面积迅速增大但气孔数量并没有增加，所以成熟叶片或叶片部位单位面积上的气孔数量相对减少（图26a，26c）。这往往给人一种假象，此类植物绿色成熟叶片或部位比无色或浅色的幼嫩叶片或部位气孔密度还小。其实，这是它们适应干旱环境的结果，伴随着表皮的分化气孔数量减少或者没有增加，成熟叶表面上单位面积内气孔数少等特征有利于其保持水分。同时通过储存大量的水分于肉质茎叶（含水率90%以上）之中，以缓解气孔数量偏少而带来的能量失衡。除此之外，这类植物另一共同的特点就是叶片单位重量的叶绿素含量较低。这本身也是通过减少光合叶面积来缓解能量失衡的重要手段。

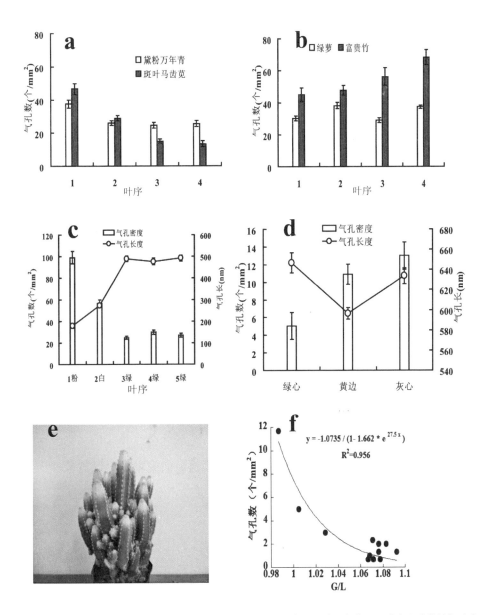

图26 不同叶序或叶片部位的气孔特征对比；a. 黛粉万年青、斑叶马齿苋不同叶序之叶片的气孔密度；b. 绿萝和富贵竹不同叶序之叶片的气孔密度；c. 斑叶马齿苋按叶序从粉红到白再到绿色之叶片的气孔特征；d. 虎尾兰黄色边缘和绿色中心部位之间气孔的比较；e. 万重山仙人柱白尖和绿基的RGB图像；f. 万重山仙人柱气孔数与G/L值之间的反逻辑斯蒂函数关系。

虎尾兰不仅叶片黄色边缘气孔数量与绿色中心部位之间存在差异，而且叶片中心部位深绿和浅绿（或灰色）条带之间气孔数量差异较大（图26d），尽管气孔的绝对数量只有每平方毫米1到2个的差异。喜光的仙人掌科仙人柱属肉质柱状草本植物万重山在庇荫环境中柱尖易于迟绿呈白色（图26e），这一组织部位分生旺盛，气孔密度相对较大，从柱尖到柱基气孔逐渐减少、颜色变绿直到深绿色，以至于气孔数与G/L值之间有明显的反逻辑斯蒂函数关系（图26f）。有研究表明，CO_2饥饿的反馈机制往往会诱发气孔的被动开启（Jones，1983），这对于适应极端干热环境的旱生肉质植物而言是难以承受的，因此，主动将气孔分配在浅色或无色而叶绿素少或没有的组织或器官同样是其适应干热气候的重要机制之一。

此外，气孔的发育程度和开闭程度是影响植物叶片水分和能量平衡的关键因素之一。上述虎尾兰和仙人柱在迟绿的部位尽管气孔密度大，但是气孔的发育往往尚未成熟，且功能的发挥存在问题。气孔蒸腾是植物能量平衡的关键环节之一，也是其水分代谢平衡主要内容。因此，气孔的大小和开启程度影响其代谢水平和状态。在济南，对20种经常栽培的常绿乔、灌木和市面上大量出售的多年生花卉的气孔面积率值进行研究，其中包括：斑叶马齿苋、银边吊兰、银心吊兰、冬青卫矛、黛粉万年青、凤梨花、扶芳藤、富贵竹、广玉兰、龟甲冬青、红叶石楠、虎尾兰、花斑芦荟、花叶榕、绿萝、女贞、铜钱草、小叶黄杨、金叶女贞、月季、茱蕉。研究发现，以气孔保卫细胞内侧加厚壁为轮廓测得的气孔面积率a与叶绿素无水乙醇提取液的G/L值之间存在着一种显著（95%可靠性）的线性正相关关系（图27a）（$R^2=0.5506$，$n=20$）。也就是说，叶片气孔面积率越大者叶片单位重量的叶绿素含量（mg/g）越高，叶片也更绿。相比之下，如果以气孔保卫细胞（没有副卫细胞者）或副卫细胞外侧细胞壁为轮廓测得的气孔面积率b与叶片叶绿素含量之间尽管同样存在正相关关系，但是远没能达到显著相关的水平（图27b）（$R^2=0.2099$）。因为不同植物种的气孔器结构差异较大，有些有副卫细胞有些没有，以外侧细胞壁为基准不同植物间的气孔面积率没有可比性。且只有以保卫细胞内侧细胞壁而确定的气孔面积率才直接决定着气孔蒸腾量的大小。这也间接说明气孔蒸腾对于叶绿素的生成和保存具有难以取代的重要作用。然而，那些以体内保存大量水分且叶表面气孔极为稀少的肉质旱生植物往往除外。仙人柱等肉质C4循环植物往往也保存大量的水分、减少单位重量叶片内叶绿素含量以维持其能量平衡。

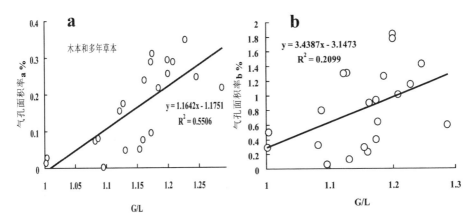

图27　20种常绿植物叶绿素提取液的G/L值与气孔面积率的相关关系；a. 以保卫细胞内侧的加厚细胞壁为轮廓的气孔面积率a与叶绿素提取液之G/L值之间的相关关系；b. 以保卫细胞（无副卫细胞者）或副卫细胞的外侧细胞壁为轮廓的气孔面积率b与叶绿素提取液之G/L值之间的相关关系；具体计算方法见附录8。

气孔面积率较小的叶片，更多地依赖于叶绿素的合成和分解来应对光热能量的平衡与否。较少的叶绿素减少了叶片吸收过多能量的可能，进而减缓了对更多水分的需要。所以，成为维持干旱地区植物水分和能量平衡的重要手段。在某种意义上讲，一些花叶、斑叶植物局部迟绿或褪色是通过缩减光合叶面积适应环境胁迫、水能代谢失衡或水资源分配不均的重要手段。为适应干旱的荒漠气候，一些肉质植物叶的光合器官并非叶片而是体积粗大的肉质茎等器官。这些肉质茎有丰厚的角质和蜡质的保护，并且贮存大量水分。这种立体结构实现了内部遮荫，从而维持较低的水温。为了尽量减少水分的散失，肉质茎表面没有或很少有气孔。表面温度很容易随太阳照射时间的增加而增加，以至于出现表面发烧，所以其体内单位重量的叶绿素含量较低，以减少热能的吸收。最为典型的事例是沙漠植物石头花，石头花生长于极端干热的沙漠环境，其蒸腾表面积和光合表面积缩减到只剩下石子般大小。SPAC系统也更加接近地面，几乎与大气隔绝，透过狭窄的天窗接受少量的阳光来维持光合作用。其肉质茎表面粗糙、色泽土灰、没有叶绿素的痕迹（图28a），其内部占比很少的叶绿素大多纵向排列在避光的一面（图28b）。

红叶李是我国北方著名的常色叶观赏树种，尽管一年内大多时间保有红色叶片，但是雨季红叶李常有个叶片转绿的时期。尽管对这种现象的研究为数不少，但是很少有人研究转绿与气孔开闭的关系。2016年夏季的6月下旬，两场大雨过后笔者应用显微照相系统拍摄红叶李远离中央叶脉的叶尖叶缘部位（远小）和靠近中央叶脉（近大）的气孔开闭度（宽度/长度）（图28c-624两场大雨）值并与2016年6月4日持续干旱期间的气孔开闭度（图28c-604无雨）进行比较。结果表明，连续降雨过后红叶李叶片无论是靠近还是远离中央主脉的气孔开闭度均大于持续干旱期间的数值。其实，类似的水分代谢平衡影响气孔开闭的实证资料早已为人所熟知，也是植物学工作者的常识所在。然而，到目前为止，很少有人将这种现实与叶片变绿相关联。有关红叶李雨季叶片转绿的研究结论有光照、温度、叶片酸碱度以及色素平衡等种种假设。其实，若将上述气孔面积率与叶绿素含量的关系加以推广，则很容易理解充足的降水后植物叶片维持浓绿叶色的现象。降水通过影响气孔开闭而维持了叶片水分和能量平衡，增加了叶绿素的合成，减少了叶绿素的分解，从而使叶色更绿。结果是绿色叶片的气孔开闭度明显大于红色叶片（图28e）。

红叶李之所以维持常色的红叶，很大程度上与其根和茎输导系统供水能力偏弱（王斐等，2017）、大多气孔常年处于关闭或半关闭的状态有关（图28g）。其叶片背面张开的气孔（图28f）为数较少，尤其是在相对干旱的春季。

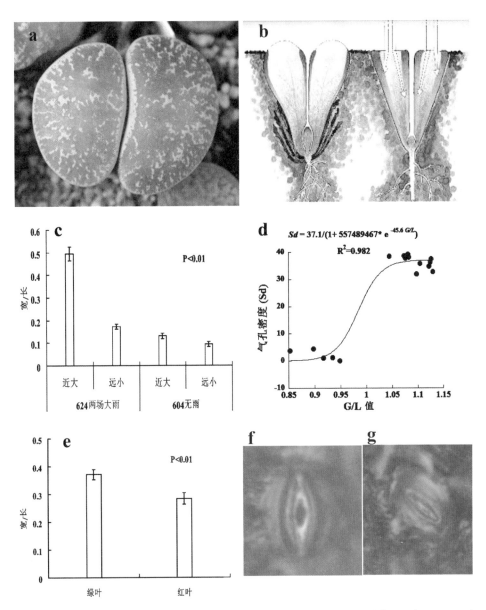

图28　光合叶面积大小与干热环境的关系；a. 最大限度缩减光合叶面积的石头花之上表面；b. 石头花纵剖面及叶绿素分布的部位；c. 夏季大雨过后红叶李叶片气孔开闭度的增加；d. 红叶石楠气孔密度与叶色（G/L值）之间的相关关系；e. 红叶李红叶和夏季返绿叶片之间气孔开闭度的差异；f. 红叶李红叶为数不多的张开气孔之RGB图像；g. 红叶李红叶常见的关闭气孔RGB图像。

此类雨季叶片转绿的彩色叶植物为数不少，其中红叶石楠也是一例。春季鲜红色的红叶石楠萌生叶片与绿色成熟叶面之间气孔密度差异巨大。春季若从枝条顶端开始按叶序逐个测定叶片气孔密度和叶片G/L值，二者呈现显著的典型逻辑斯蒂正相关关系（图28d），$R^2=0.982$。说明这类典型的中生植物以气孔蒸腾来保持其能量平衡、维持适宜的叶片光合叶面积。

2.5 叶片热耗散、能量失衡与叶片迟绿和褪色

一些植物之所以在茎、叶之内贮存大量水分而不是含有更多的能进行光合作用的叶绿素，是因为富含叶绿素的叶片在阳光直射的环境中时常因内外条件限制而不能充分利用所接收的光用于光合作用，也就是所谓光抑制现象的发生。这意味着叶绿体的光合作用系统往往接受过多的光能而需要耗散。这些过剩的能量大多以热量的形式散失掉，也有少量热能通过发射荧光或长波辐射等耗散出去。这种机制就是光保护，而且是可逆的过程。因此，在蒸腾冷却不充分时，叶片热温往往偏高。热带阴生植物黛粉万年青因局部光合叶面积滞育而成为检测局部集中热耗散之高温现象的典型事例（图29b）。在阳光直射环境中迟绿的黛粉万年青叶片中肋部位由于缺乏叶绿素而吸收较少的光能辐射，发射的热红外光波也少。而绿色叶片部位由于光合系统的热耗散而增温迅速。叶片的相对高温区域恰好与富含叶绿素的绿色叶片边缘部位相吻合（图29a），白色中肋部位热温最低。这是较为典型的绿色叶片部位因气孔蒸腾散热不足而呈现光合系统热耗散的过程。相比之下，在室内散射光线环境中，由于没有日光直射和过剩的光能吸收，叶片热温相对均匀，并不因叶绿素含量的多少而不同（图29c）。白色中肋周边（白心）与绿色叶尖叶缘（绿缘）的热温比值在阳光直射与室内散射光环境中存在巨大差异。在室内散射光下，该值更接近于1.0，在阳光直射下，该值远小于1.0（图29d）。

显然，黛粉万年青更加适合阴湿的环境中生长。

如前所述，黛粉万年青叶片的非均质叶绿素发育特征源于水分输导的异质性。单子叶植物黛粉万年青叶尖叶缘的绿色依靠叶缘密集的脉网和"滴水叶尖"来维持。叶片角质蒸腾、气孔蒸腾和水分输导性能以及受光量值的综合结果使得该植物叶片的绿色边缘部位在阳光直射的环境中需要耗散过剩的光能，白色叶片中肋周边与绿色叶尖叶缘部位叶温差异明显（图29e）。温差可达2℃或更高。因此，其较低的光能利用效率与其缓慢的生物量累积相匹配。

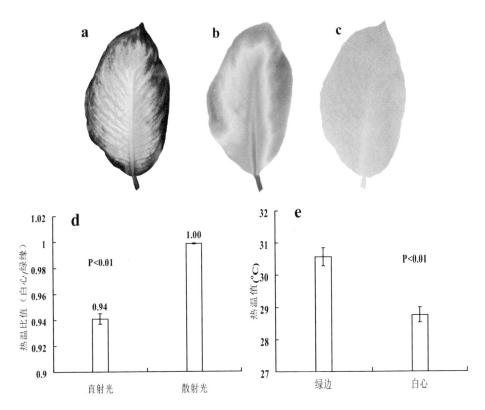

图29　黛粉万年青叶片的热耗散和蒸腾冷却；a. 黛粉万年青叶片的RGB图像；b. 日光直射下图29a中黛粉万年青叶片的热红外图像（彩图中依黑、蓝、绿、黄、红、白的顺序热温递增）；c. 室内散射光环境中图29a之黛粉万年青叶片的热红外图像；d.在阳光直射和室内散射光下黛粉万年青叶片绿色边缘（绿边）和白色内心部位（白心）的热温比值；e. 黛粉万年青叶片在日光直射下绿边与白心之指温差的比较。

热带雨林阴生植物气孔密度相对较小，气孔蒸腾冷却功能不强。因此，常表现出明显的忌阳光直射的习性，其中常绿观赏植物绿萝就是其中之一。将水培的绿萝枝叶置于阳光直射环境中，日照处理一些时日（25天左右）后，叶片逐渐从浓绿变到浅绿或黄绿色。同时将黄绿而无根系萌生的植株（外无）与阴凉的室内（分别有萌生新根（内有）和无萌生新根（内无））的水培植株置于阳光直射下观察其叶片逐步增温的过程（图30a）。结果表明，起初因室内温度偏低其指温差稍高，而后在连续测定中，因室内植株叶色浓绿，室外植株叶色微黄，室内和室外植株增温速度差异明显。而新根萌生的植株由于叶片更绿而增温最为迅速。在午间阳光直射20分钟后，再测定三者的指温差，结果是室内有新根萌生的植株指温差值最大，因为新根提供了更多的水分用于蒸腾耗散热量。而室内无新根的植株指温差最小，室外黄绿色植株居中，因为较少的叶绿素缓解了其热耗散的压力，与此同时持续的强光照射使得该植株也萌生了个别短根（图30b）。

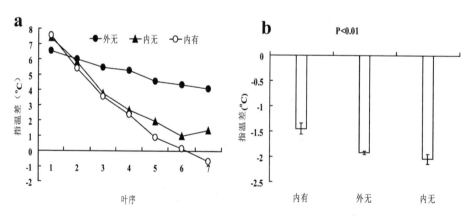

图30　不同条件下绿萝水培植株的热红外监测值；a. 全光照下未生根的水培植株（外无）、室内散射光下未生根的水培植株（内无）和室内生根（内有）的水培植株移入直射日光后连续观测的指温差变化趋势；b. 中午日光直射20分钟后观测的指温差数值比较。

综合以上分析，显然植物的迟绿、褪色或续红等光保护特征是其维持水分和能量平衡的手段。而在新生幼叶过渡到成熟叶片的窗口期正是易于发生迟绿和续红的重要环节。尤其是遭受逆境胁迫的植株。失绿褪色可使叶片接受更少的光能，暂时缓解植物的能量失衡。其中较为典型的事例有花叶榕和飞羽竹芋，由于局部输导系统的细弱而诱导叶片局部光合叶面积滞育或叶绿素的缺失。结果是发育成具有一定观赏价值的花叶（缺绿）植物。花叶榕绿色中央主脉周边和白色边缘部位之间的输水能力存在显著的差异（图31a，31b）；在阳光直射环境中，叶绿素正常发育的叶片部位因吸收过量的光能而叶温相对偏高。飞羽竹芋的白色叶片部位的叶脉细弱且常终止于脉间叶肉之中，这些叶绿素欠缺的部位往往因接受更少的光能而被观测到相对较低的热温（图31c，31d）。

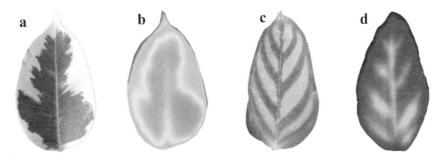

图31　阳光直射环境下光合叶面积滞育部位缓解能量失衡的作用特征；a.叶边缘部位光合叶面积滞育的花叶榕叶片之RGB图像；b.图31a之花叶榕叶片在阳光照射下的热红外图像以及绿色部位高热温的特征；c.欠发达叶脉部位分带光合叶面积滞育的飞羽竹芋叶片之RGB图像；d.图31c之飞羽竹芋叶片的热红外图像及其能量失衡的缓解作用。

木槿叶片气孔发达，蒸腾旺盛、一般叶温偏低、叶色浓绿。然而，在干旱的环境中伴随着叶龄的增加和叶片的衰老叶色常常变淡、继而变黄脱落。在此过程中，首先缩减了光合叶面积而后缩减了蒸腾表面积，调节了树体的水分和能量平衡。其主要表现形式在于叶片气孔随叶序的增加和不断发育、叶片气孔蒸腾增加和角质蒸腾减少，叶片热温逐渐降低（图32a）、指温差值逐渐增大（图32b）。在叶片发育完善、气孔蒸腾达到最大、叶温最低之后，伴随叶片的逐渐衰老热温又逐渐增加、指温差值逐步降低（图32a，32b），直到叶片变黄脱落。显然，木槿这种气孔蒸腾旺盛的灌木树种在叶片光合叶面积和蒸腾表面积缩减的过程中，同样有一个叶片的增温过渡期、极端情况下因水分和能量失衡而出现短暂的"发烧"状态。

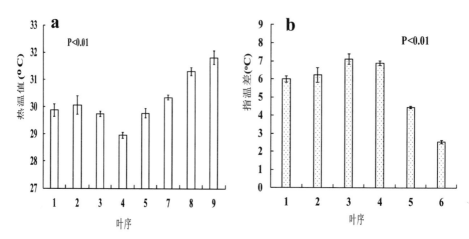

图32 夏季木槿按叶序的热温和指温差变化趋势；a. 热温值变化趋势；b. 指温差值变化趋势。

2.6 水分和能量失衡下光合叶面积的缩减

2.6.1 叶片断脉后方和叶尖叶缘光合叶面积的缩减

水分代谢是植物体内维持能量平衡的重要途径。在水分和能量代谢正常的前提下，阳光直射叶面不仅对一般植物（不包括阴生植物）不构成伤害，而且还有利于光合色素的形成，增加光合作用强度。一些阳性树种绿色成熟叶片的褪色往往起因于这些叶片被动地遭受环境胁迫而发生水分和能量失衡。切脉后叶片局部水分亏缺是研究叶片水分和能量失衡的重要手段。2018年夏季在济南燕子山进行的黄栌叶片切断主脉的试验研究表明，具有开放式叶脉系统的黄栌叶片一旦主脉被切断，局部叶片立刻产生水分代谢的失衡，突出地表现为叶片上部SPAC末端的叶尖（S）"三角洲"区域热温增高（图33b）。这时由于叶片遭受高温胁迫的时间尚短，其叶尖的G/L值与叶基（N）

部位的G/L值之间没有明显的差异，P=0.47（图33a，33f-切脉半小时内），也就是说这时叶尖和叶基仍然呈绿色，叶色并没有显著的差异和变化。

然而，伴随着高叶温的持续，时而也会出现高于指温的高烧状态，尤其是阳光直射的夏季中午时分。一个月以后，N和S部位之间的叶温差值明显增大（图33d）。叶尖S部位的叶绿素降解而逐渐变黄（图33c，33f-切脉一月后），叶尖和叶基部位之间的G/L值差异明显，P<0.01。

相比之下，刚切脉时尽管存在叶片N和S部位的温差，这种温差明显偏小（图33e）。因此，该试验的结果为叶绿素光降解的理论提供了实证的数据。并且说明，持续的水分和能量失衡诱发叶片叶绿素光降解、失绿变黄。

同样拥有开放式叶脉系统的火炬树小叶叶片，在切断主脉之后，叶片水分和能量失衡、失绿黄化的部位与黄栌相似，也是位于叶尖（SPAC末端）的

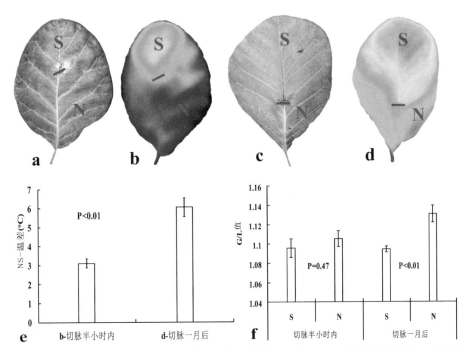

图33 黄栌叶片主脉切断后局部水分和能量失衡及叶片失绿变黄；a. 切断主脉半小时之内的黄栌叶片，其中"—"为切脉部位；b. 图33a叶片的热红外图像，其中S为高温胁迫区，N为正常叶温区；c. 切断主脉一月后的叶片；d. 图33c叶片的热红外图像；e. 叶片a和叶片c之N和S区域温差的对比；f. 叶片a和叶片c之N和S区域G/L的对比。

"三角洲"区域。而且受影响的叶面范围有过之而无不及（图34a，34b）。

拥有二叉式开放叶脉的银杏，因叶脉系统的特殊性而对切脉尤为敏感。在叶片的任何部位切断叶脉均会导致断脉后方局部叶片水分和能量的失衡，断脉后持续的水分胁迫和能量失衡（图34d）使得叶片断脉的上方失绿黄化（图34c），直至局部叶片焦枯。

图34　火炬树和银杏叶片切脉后局部水分和能量的失衡及其光合叶面积的缩减；a. 切断主脉后火炬树小叶上部光合叶面积缩减的RGB图像；b. 图34a叶片的热红外图像；c. 切断局部叶脉后银杏树叶片的RGB图像；d. 图34c叶片的热红外图像。

除切脉叶片外，一些树种的叶片遭受夏季干旱等逆境胁迫后，也时常发生始于叶尖叶缘的失绿褪色甚至焦尖；在正常生长状态下，金银木叶尖叶缘的失绿黄化症状并不多见，然而在一些速生的抽生枝条上，上部处于窗口期的新萌叶片往往易于发生水分供应不足，以至于能量失衡而出现"发烧"（图35b，图11b），久而久之叶尖叶缘部位失绿黄化（图35a）。石灰岩山地干旱瘠薄的立地上栽植的构树（图35c）和臭椿（图35e）个别植株往往也会因水分和能量失衡而出现相似的失绿黄化症状。其根源依然是水分的供求失衡引发的局部叶片高烧（图35d，35f）。而紫玉兰叶片（图35g）在夏季强日光照射下同样易于出现水分和能量失衡而叶片发烧的状态（图35h）。尤其是远离中央叶脉的叶边叶缘部位，因此，其叶边叶缘部位常率先失绿黄化（图35g）则不足为奇。

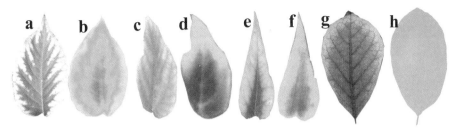

图35 济南常见的具有光合叶面积缩减特征的树木叶片之RGB和热红外图像；a. 叶尖叶缘失绿黄化的金银木叶片的RGB图像；b. 图35a中叶片的热红外图像；c. 叶尖叶缘失绿黄化的构树叶片的RGB图像；d. 图35c中叶片的热红外图像；e. 叶尖叶缘失绿黄化的臭椿叶片的RGB图像；f. 图35e中叶片的热红外图像；g. 叶尖叶缘失绿黄化的玉兰叶片的RGB图像；j. 图35g中叶片的热红外图像。

    这些树种的叶片在中央主脉周边更加靠近SPAC核心体系的部位，水分供应相对充足，蒸腾冷却正常、叶温偏低、叶绿素含量较高、没有失绿黄化症的发生。这与维管束鞘之中很少发生叶绿素丢失（失绿）的相关研究结果相吻合（Alberte，1977）。

    在北方干旱半干旱地区引种的热带或亚热带树种紫薇，其叶尖叶缘黄化失绿、秋季变红或变黄也是较为典型的代表（图36a）。而且在此过程中能够明显检测到叶尖叶缘的高温（图36b）。典型叶片甚至可以区分为焦尖区（蒸腾叶面积缩减区）（图36a-1）、黄色过渡区（光合叶面积缩减区）（图36a-2）和绿色基部区域（图36a-3）。在仍然存活的过渡区和绿色基部区进行微创切开叶片时，用热红外设备很容易检测到因水分供应状态的不同而带来的蒸腾蒸发消耗潜热的差异（图36c）。即越靠近叶基部供水能力越强，切口温度也越低（图36d），其叶色维持绿色。显然叶尖叶缘呈现的蒸腾表面积缩减和失

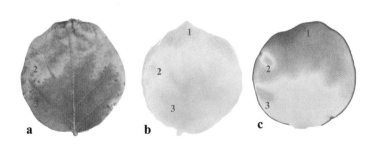

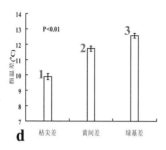

图36 紫薇秋季落叶前的叶片失绿褪色现象；a. 秋季呈现局部焦尖（1）、失绿黄化（2）和绿色叶基（3）的紫薇叶片的RGB图像；b. 图36a紫薇叶片的热红外图像；c. 图36a紫薇叶片微创切口后拍摄的热红外图像；d. 局部焦尖（枯尖差）、失绿黄化（黄间差）和绿色叶基（绿基差）的指温差值比较。

绿黄化区域呈现的光合叶面积缩减是同一胁迫过程中因胁迫程度不同而导致的不同表现形式。

2.6.2 脉间光合叶面积缩减

一些具有开放式叶脉系统的植物，往往在叶片的脉间叶脉欠发达、脉管细弱、分布不均匀，在这些部位易于遭受生理干旱的袭扰而呈现局部的失绿黄化。其中辛夷（图37a）、黄栌等较为常见。叶片不仅沿叶脉呈现明显的网状低温分布区域，而且随叶脉的变细叶温增高（图37b）。叶片绿色色素与叶温变化趋势同样沿叶脉呈网状外延趋势。

图37 树木叶片脉间失绿黄化或变红；a. 辛夷幼叶脉间失绿黄化的RGB图像；b. 图37a叶片的热红外图像；c. 叶尖叶缘枯萎、脉间变红的毛栋叶片的RGB图像；d. 图37c叶片的热红外图像；e. 脉间变红的黄栌叶片RGB图像；f. 脉间变红的黄栌初生幼叶RGB图像。

此外，秋季叶片离层形成时，叶片输导系统的栓塞以及输导组织结构的分解破坏等使得众多的叶片呈现叶尖叶缘或脉间提前褪绿失色。伴随着水分和能量失衡的持续，一些叶片发生叶尖叶缘的干焦（图37c），而在主脉和叶基部位保持绿色；在叶尖叶缘或脉间与主脉和叶基之间同样维持着一个因水分和能量失衡受害轻的过渡区域。在一些树种的秋叶上此过渡区域呈黄色，而另一些树种呈红或紫红色。如毛栎叶片呈现的脉间变红（图37c）与其脉间较高的热温相对应（图37d）。从RGB和热红外图像上看，脉间高温只不过是叶尖叶缘的水分和能量失衡沿脉间水分分配薄弱部位向叶片内部的延伸而已。黄栌叶片不仅秋季时而脉间呈鲜艳的红色（图37e），在叶片萌生和展开的窗口期同样呈现明显的脉间红褐色（图37f）。显然与这些树叶承受的水分和能量失衡的程度和持续的时间长短存在一定的相关关系。这似乎与叶绿素乙醇提取液在光照下分解的过程和结果存在极为相似之处。秋季变黄变红的叶片大多很快就脱落了，因为其离层已经形成。叶柄基部能承受的拉力已经发生了质的变化。输水能力也发生了重大的改变。

2.6.3　阳光直射和遮阴环境对光合叶面积的影响

2018年，在山东省林业科学研究院东营分院设置的盐碱地乡土树种和外来树种遮荫试验中，用数字、热红外和显微图像法进行解析。试验设于2×5米的长方形砖砌土池内，内置当地自然土壤，含盐量0.6%-0.7%，试验树种包括乡土树种盐柳、白蜡和外来灌木金叶女贞、银边冬青卫矛，5株小区成行排列。试验分全光对照区和遮阳网遮荫试验区。试验于春季3月栽植，6月初开始设置遮阳网。7月15日观测指温差指数，并用乙醇提取和分光光度法测定叶片叶绿素含量，10月31日调查当年高生长量。

结果表明，在遮阳网的防护作用下，无论乡土树种还是外来的花灌木指温差值比全光照条件下的植株指温差值明显增大，即叶温明显降低，且指温差均大于零（图38a）；也就是说没有"发烧"状态的出现。与此相对应，全光照中乡土树种盐柳和白蜡与外来花灌木树种金叶女贞、银边冬青卫矛之间差异明显，前者指温差值依然为正值，尽管与遮荫的植株相比明显减小；而外来的花灌木金叶女贞、银边冬青卫矛指温差为负值，处于叶片严重的"发烧"状态（图38a）。

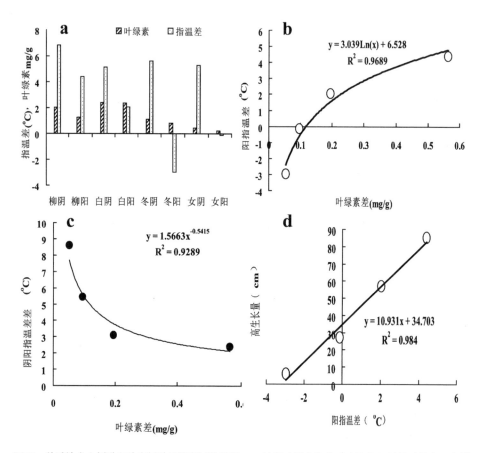

图38 盐碱地乡土树种和外来树种的遮荫试验结果；a.遮荫（阴）和全光（阳）下盐柳（柳）、白蜡（白）、金叶女贞（女）、银边冬青卫矛（冬）的指温差值和叶绿素含量；b.遮荫和全光试样的叶绿素差值与全光照下指温差值的相关性；c.遮荫和全光试样的叶绿素差值与遮荫和全光试样的指温差值的相关性；d.高生长量与全光照下的指温差值的相关性。

　　在这种重盐碱地上，植物往往处于水分和能量失衡的胁迫状态。除了阳光的直射，还有来自土壤盐分对根系的生理胁迫。如上所述，在逆境胁迫下，叶绿素过多往往成为能量平衡的负担。银边冬青卫矛绿色的叶面

（图39a）比黄白色的金叶女贞叶面（图39b）吸收更多的直射光能，在环境胁迫的作用下热能耗散不足导致叶片严重"发烧"。相比之下，金叶女贞通过叶绿素的降解、叶色的转变，吸收更少的光能，缓解了叶片水分和能量的失衡，叶片只是处于"低烧"状态。同理，白蜡叶片叶绿素含量高于叶片双面有气孔的盐柳，其指温差值明显低于盐柳。充分说明在逆境环境中过多的叶绿素往往成为能量代谢的负担，而且与叶绿素无水乙醇提取液光解过程中的发热具有相似的机制。因此，在这种环境下指温差指数值与叶绿素含量之间难于寻觅显著的相关关系。

图39　重盐碱地上栽培的金叶女贞和银边冬青卫矛植株的叶色；a. 银边冬青卫矛的RGB图像；b. 金叶女贞的RGB图像。

　　在遮阳网的协助下，遮荫的试验植株尽管比全光下的植株指温差值、叶绿素含量均有所增加，但是指温差和叶绿素之间在为时不超过2个月的试验期间难以寻觅显著的相关关系（表2）。而全光下测定的指温差值与遮荫和全光环境下叶绿素的差值（叶绿素差）之间呈明显的对数函数正相关关系（图38b，R^2=0.969）。这意味着遮荫对逆境适应性更强的乡土树种盐柳和白蜡影响更加明显，叶绿素增量越大。相反，对于外来的金叶女贞、银边冬青卫矛而言除了光照胁迫以外，还存在水分和蒸腾冷却失衡的问题。在没有使其水分和能量均达到平衡之前，遮荫对这些树种缓解光合叶面积的缩减中起得作用明显偏小。

表2 盐碱地乡土树种和外来树种遮荫试验

	阳指温差	阴指温差	阴阳指温差差	阳叶绿素	阴叶绿素	阴阳叶绿素差
高生长	0.984**	0.371	0.902*	0.189	0.502	0.853*
阳指温差	—	0.305	0.949**	0.145	0.424	0.794/0.969**
阴指温差		—	0.122	0.015	0.045	0.751
阴阳指温差差			—	0.213	0.454	0.589/0.929**
阳叶绿素				—	0.874*	0.045
阴叶绿素					—	0.296
阴阳叶绿素差						—

图38c表明遮荫和全光环境下叶绿素的差值与遮荫和全光环境下指温差的差值之间呈明显的幂指数反相关关系（$R^2=0.969$），即遮荫对指温差值影响较小者往往能够获得更多的叶绿素增量。这从另一角度说明适应本地环境的乡土盐柳和白蜡优于外来的金叶女贞、银边冬青卫矛。

植物的生长量往往是其响应环境的最重要也是最有效的指标之一。就生长季结束时的高生长量而言，它与全光下的指温差值之间呈极显著的线性正相关关系（图38d，$R^2=0.984$）；与遮荫下的指温差值、全光或遮荫下的叶绿素含量之间没有明显相关性（表2）。尽管高生长量与遮荫和全光环境下叶绿素差值之间有显著的（95%可靠性）相关关系，但并不能排除其对指温差反映的蒸腾冷却、水分和能量平衡状态的依赖。

因此，在全光下的指温差值成为衡量树种对此类重盐碱地环境适应性的重要指标。而遮荫等保护措施对于乡土树种的促进作用更加明显。持续的

"发烧"状态成为外来花灌木逆境胁迫的重要依据。

尽管短时间内遮荫并没有显著地增加金叶女贞整叶叶绿素的含量，但是应用数字图像解析技术观测叶表面的G/L值，遮荫和全光下的叶片差异极其显著，P<0.01（图40a）。一旦撤除遮阳网，不久之后即可观测出G/L值的显著下降。撤除遮阳网的处理与全光照处理之间的差异也逐渐减小，直到难以观测到有统计学意义上的差异显著性。显然，持续的遮阴处理对于强光敏感的树种缓解水分和能量失衡、维持适度的光合叶面积具有重要的意义。

在重盐碱地上，树木遭受的胁迫因素除了遮荫和全光照的差异（图40b，全光，遮荫）以外，土壤含盐量也是不可忽视的因素。栽培在重盐碱地上的

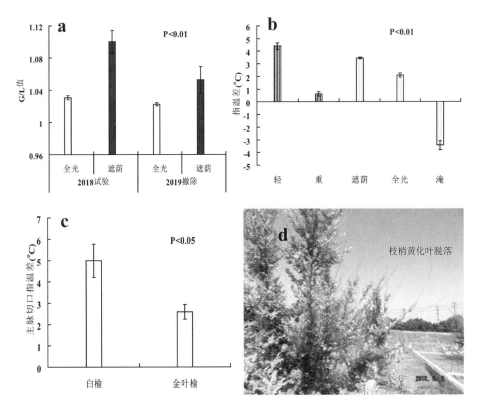

图40　遮荫、盐胁迫对一些树种水分能量平衡以及叶色的影响；a. 金叶女贞遮荫与否叶色（G/L值）的不同；b. 不同胁迫因素对白蜡指温差的影响；c. 重盐碱地中白榆和金叶榆主脉切口的指温差比较；d. 重盐碱地中金叶榆枝梢部位黄化叶片的干枯和脱落的RGB图像。

白蜡植株，其指温差值明显低于轻度盐碱地上的植株（图40b，重，轻）。相比之下，在仲夏的中午阳光直射环境测得的水淹植株指温差常为"发烧"的负值，并且对其以后光合叶面积的缩减和活力衰减具有显著的影响。

白榆的黄化变种金叶榆，作为我国北方地区重要的景观绿化树种被广泛地栽培，在东北、西北地区生长良好。而且被认为具有很强的抗盐碱性能。在山东省林业科学研究院东营分院的重盐碱地上也没有测出负的指温差值。但是，应用微创法切断叶片主脉后，在干热的夏季环境中，白榆与金叶榆之间可以观测出显著的主叶脉切口指温差差异（图40c）。这意味着，在盐碱土壤环境下，白榆与其金叶变种的水分输导性能存在显著的不同。以至于经历夏季干热气候的袭扰后，金叶榆枝梢部位黄化叶片干枯、脱落（图40d）。而白榆叶色浓绿，指温差偏低，植株生长正常。显然，金叶榆这种叶片光合叶面积和蒸腾叶面积缩减的特征源于极端环境诱发的水分和能量的失衡。

2.7　光合叶面积缩减的内在机制分析

2.7.1　在1%盐酸甲醇溶液内持续浸提绿色黑松松针过程中红色色素的产生

使用1%盐酸甲醇浸提绿色黑松松针的过程（见附录1）中有红色聚合原花青素和花色素的生成。黑松松针提取液中红棕色高聚合原花青素和花色素是由无色的低聚原花青素在提取酝酿过程中转化而来的（王斐等，2017）。伴随着浸提时间的延长，在松针表面、皮下层和内皮层细胞内逐渐出现红色色素，这时产生的红色素大多存在于角质层和厚壁组织内，从针叶横剖面看红色色素大多集中在针叶的边缘和内皮层细胞壁加厚的细胞。也就是说，产生的红色素大多被角质层和厚壁组织内的大分子脂肪酸酯吸附（图41b）。

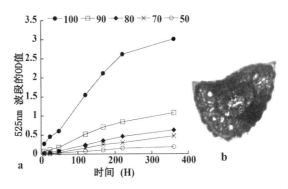

图41 在不同含水率的盐酸甲醇溶液提取糭中松针红色素的累积；a. 盐酸甲醇含量100% (●—●)、90% (□—□)、80% (◆—◆)、70% (×—×) 和50% (○—○) 时红色素成分随时间的累积过程；b. 提取结束后的黑松松针横切面。

　　该过程受溶液中含水量的影响较大，不同含水率的盐酸甲醇溶液提取松针时，溶液在525nm下测定的OD值随含水率的增加而降低（图41a）。若使用50%含水率或者更高含水率的盐酸甲醇溶液进行提取，几乎无红色色素的形成。这意味着适量的水分可以抑制红色素的形成。该发现从某种意义上为活体松针在一定环境条件下偶尔也会变红的现象提供可参考的依据。尽管松树四季常青，作为裸子植物中最为典型和丰富的类群，正常情况下其针叶中几乎没有花色素。然而在极端干热的环境中持续水分和能量失衡可以诱发红色高聚合原花青素和花色素苷的合成，尤其是处于窗口期的松树幼苗。在夏季干热的环境中，因土壤干旱马尾松幼苗针叶变成紫红色（马大浦等，1981），生长停止甚至长成"老头苗"（湖北省武昌县青龙林场，1973）。中国长江流域的湖北武汉和江苏南京（中国最典型的火炉城市）及其周边地区春雨连绵，夏季易干旱。从5月下旬到6月上旬雨量减少，连续高温干旱之后，一些马尾松幼苗时而呈现暗红色，然后转化为紫红或红褐色。当地人称之为"马尾松苗的紫化"。在我国华北地区冬季侧柏幼树的鳞叶表皮也变成红褐色。此类光合叶面积的缩减减少了多余光能的接收，从而提高了松柏类树木抵御极端环境的能力。

2.7.2 女贞等阔叶树叶的无水乙醇提取液光解过程中叶绿素红色降解物的形成

尽管常绿树女贞叶片的1%盐酸甲醇提取液在散射光下的光解过程中难以分离出红色的降解物，然而持续的阳光照射以后也会有红色产物的出现。若使用无水乙醇提取女贞叶片，提取液在阳光直射下叶绿素光解后形成的红色叶绿素降解物（测试方法见附录5）更加明显可见。

该过程同样受乙醇溶液含水量的影响较大，若使用50%含水率或者更高含水率的乙醇溶液提取，由于水的维温效应叶绿素提取液光解时溶液温度与无水乙醇提取液比较相对较低（图42a），生成的红色素微乎其微或者没有红色色素的形成（图42b）。其光解后溶液的G/R值接近于1，几乎呈无色的透明溶液状态。这似乎与植物叶片在强光和干旱作用下叶绿素降解和叶片的漂白更加相似。

在黑暗条件下用无水乙醇提取女贞叶绿素是一个漫长的过程，而且浸提时间越长叶绿素溶液越浓。不同浸提时间长短的溶液呈现不同的叶绿素浓度梯度。这些溶液进行光解试验过程中观测的热温也存在明显的差异。结果是溶液的G/L值与光解过程中测得的热温值之间呈现显著的线性正相关关系

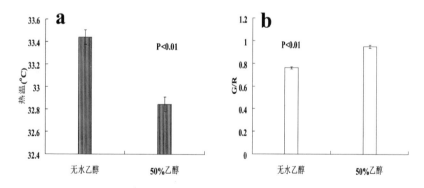

图42 女贞的叶绿素无水乙醇和50%乙醇（含水率50%）提取液在光解时的热温及红色降解产物；a. 光解时叶绿素无水乙醇和50%乙醇提取液的热温观测值；b. 光解后溶液的G/R色值；叶绿素光解及红色降解物产生的测试方法见附录5。

（图43a，$R^2=0.996$）。这说明绿色叶片在无水乙醇浸提的时间长短影响叶绿素浸提液的浓度，而叶绿素浓度越高光降解时产生的热量也越高。

不同的植物适应环境的方式不同，单位重量的叶片内叶绿素和红色素含量差异显著，其叶片无水乙醇提取液光解结束后产生的红色素存在差异。由于同时含有红色素和绿色素的提取液与只含绿色素的提取液接受光能的差异，结果是11种常绿和落叶树种的叶绿素乙醇提取液在光解过程结束时溶液的G/L值与其热温观测值之间呈显著的线性反相关关系（图43b，$R^2=0.760$）。

显然，叶绿素提取液的浓度越高光降解最后产出的红色降解物数量也趋于更多，尤其是那些维持浓绿叶片的本地树种。这间接说明叶绿素红色降解物的形成是在植物体水分和能量失衡状态下实现的，水分和能量失衡的高温状态激发具有光保护机制的红色素产生。但是现实中本地的乡土树种往往很少发生叶片变红。如前所述，本地乡土树种蒸腾冷却旺盛，一般情况下很少有"发烧"症状的出现。说明乡土树种适应本地气候，生长量较大、且长成高大乔木的机会也更多。

由于在无水乙醇中植物酶难以发挥作用，所以光解过程中色素的变化不能归结为酶促反应，应该理解为高温和光照诱导下叶绿素的分解。以此为基

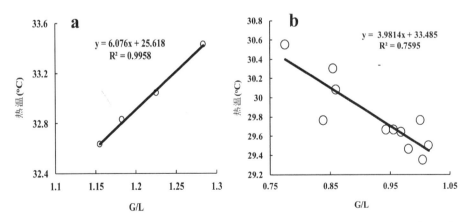

图43 红外热温值与光解前后女贞叶绿素乙醇提取液红色降解物浓度的相关性；a. 光解试验开始时不同浓度（浸提时间不同）叶绿素乙醇提取液的G/L色值与观测的热温值之间的相关关系；b. 光解试验结束时不同树种叶绿素乙醇提取液的G/L色值与观测的热温值之间的相关关系。

础，很容易理解为什么树木往往在SPAC体系尚未完全建立而实现自营的自立"窗口期"以及在衰老叶片即将脱离SPAC体系的脱落"窗口期"易于呈现红色。自立窗口期的个体植株往往对于环境胁迫较为敏感，此时的气孔开闭度、气孔发育度也很小（王斐等，2017），易于出现水分和能量失衡而叶温升高。在极端气象事件中易于缩减蒸腾表面积和光合叶面积或者整株枯萎。

研究表明，相对于叶边叶缘局部红色的朱蕉叶片和富含水分的马齿苋叶片，浓绿的龟甲冬青叶片中的叶绿素含量高（表3）、叶绿素提取液光降解时测得的热温也高，其光降解后的溶液呈紫红色、数字图像的G/L值很小（0.87）；叶绿素含量很低的马齿苋的绿色叶片，其叶绿素提取液光降解时测得的热温较低，光降解后的溶液呈无色的透明状，数字图像的G/L值较大（1.02）；边缘呈红色的朱蕉叶片，其叶绿素含量适中、光降解时的热温以及光降解后溶液的数字图像G/L值也居中（0.99）。

表3　不同叶绿素含量的提取液光解时的热温值

	龟甲冬青	朱蕉	马齿苋
热温(℃)	37.49	36.47	35.112
G/L	0.877	0.990	1.021

上述对20种济南常见的常绿乔、灌木和市售的多年生花卉的研究表明，叶绿素无水乙醇提取液的G/L值与气孔面积率之间存在着一种显著的线性正相关关系（图27a）。进一步的研究发现，这些植物叶绿素无水乙醇提取液光解时的初始G/R值与光解终止时的G/R值之间存在显著的线性反相关关系（图44a，$R^2=0.8889$）。这从广域范围内进一步证明叶绿素红色降解物的产生量与叶绿素的浓度有关。说明叶绿素光解产生红色素的普遍性。为我们理解叶片变红的机理提供了实证的研究基础。

事实上，若将那些光解试验初始阶段叶绿素浓度较小、颜色较浅的提取液的光解数值排除在外，其余植物叶片的气孔面积率与叶绿素无水乙醇提取液的相对光解值（光解值/最大光解值）呈显著线性的正相关关系（图44b，

$R^2=0.628$）。如果包含那些叶绿素提取液较为浅淡（往往是呈红色或黄色而叶绿素含量较少的叶片）的样品，二者尽管同样存在一种线性正相关关系，但这种相关性并没有达到显著相关水平（$R^2=0.206$）。这说明，在各种酶类失活的无水酒精提取液中，拥有红色花色素的样品在阳光直射下，叶温相对较低，对叶片叶绿素提取液起到一定的光保护作用，从而使其光解速度相对减慢。

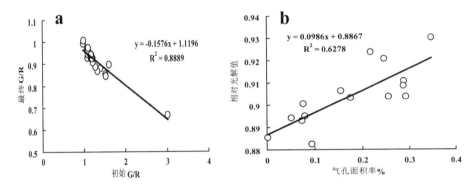

图44 叶绿素无水乙醇提取液光解前后叶色值之间和叶片气孔面积率与叶绿素相对光解值之间的相关关系；a. 叶绿素无水乙醇提取液光解初始G/R值与其光解终止时的G/R值之间的相关关系；b. 叶片气孔面积率与叶绿素提取液相对光解值的相关关系。

经观测发现这些叶色浅淡而叶绿素含量较少的植物气孔面积率也较小。就是说气孔面积率较小的叶片，更多地依赖于叶绿素的合成和分解来应对光热能量的平衡与否。较少的叶绿素含量减少了叶片吸收过多能量的可能，从而减缓了对水分的更大需求。所以，成为维持干旱地区植物水分和能量平衡的重要手段。从某种意义上讲，一些花叶、斑叶植物局部失绿是通过缩减光合叶面积适应环境胁迫或水能代谢失衡的重要手段。也是植物遭受逆境胁迫而呈现的重要信号。

2.7.3　植物水分和能量失衡下的抗性反应

水分和能量失衡之时往往会诱导植物抗性的产生，如抗氧化酶活性的提高和抗坏血酸的累积等等。这些物质对叶绿素氧化降解有抑制作用。另一方面一些叶绿素氧化酶类则促进叶绿素的分解，如叶绿酸a氧化酶（PAO）。

为了拟制叶绿素降解酶的活性，在青茶调制的生产实践过程中和青菜炒制过程中往往采用高温焙、烫等办法来保持茶叶和菜肴的青绿颜色。科学实验中高温干燥杀青处理植物样品等等均是为了失活叶绿素的降解酶。日本山口大学山内植树教授等曾报道过用热处理保持柑橘绿皮和西蓝花小花绿色的研究（Kaewsukusaeng，2007）。

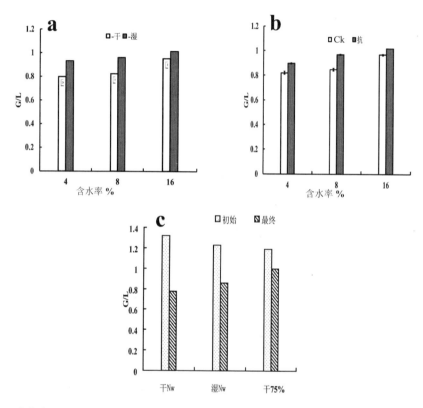

图45　女贞叶绿素乙醇提取液的光解受水分、抗坏血酸的影响；a. 风干叶（干）和鲜叶（湿）在不同含水率的乙醇提取液中光解产物的G/L值；b. 不同含水率的乙醇干叶提取液中未加（Ck）与加抗坏血酸样品之光解产物的G/L值；c. 干叶无水乙醇提取液（干Nw）、鲜叶无水乙醇提取液（湿Nw）和干叶75%乙醇提取液之间光解产物的G/L值比较。

此外，以往有为数不少的研究报道认为抗坏血酸有拟制叶绿素降解的作用。我们在女贞叶绿素乙醇提取液光解试验中也设计添加抗坏血酸的对比试验。试验选取女贞风干叶片0.3g加入10mL无水乙醇提取30天左右，然后以

4%、8%和16%的含水率配制叶绿素溶液并以未加抗坏血酸的处理为对照进行抗坏血酸影响叶绿素光解试验。结果表明，随着溶液的含水率增加，光解后的溶液G/L值也呈增加趋势（图45a）。不仅如此，叶片内本身的含水率对光解的结果也有影响。干叶片之叶绿素提取液光解后的G/L值明显低于鲜叶片的叶绿素提取液光解后的G/L值。显然，叶片水分含量对于叶绿素降解并生成红色素的过程存在一定抑制作用。

同样都是干叶片的叶绿素提取液，加入抗坏血酸的提取液样品光解后的G/L值明显要高于未加抗坏血酸的对照提取液样品（图45b），尽管如此，抗坏血酸的作用并没有改变溶液含水率对叶绿素降解的影响。这意味着水分和抗坏血酸对叶绿素降解生成红色素的过程都有明显的抑制作用。

更加有趣的是试验研究在加水或抗坏血酸时，首先使叶绿素提取液从深绿转变成浅绿色甚至是黄绿色。这种浅绿色或黄绿色溶液在阳光照射时易于测出相对较低的热温。相比之下，未加水和抗坏血酸的溶液其颜色更加浓绿（G/L最大，图45b-抗）、吸收光能热量更多、光解时测得的热温也更高。溶液中产生的红色素也更多。所以叶绿素提取液光解后最终的G/L值也更小（图45c-最终）。

现实中植物环斑病（图46a）的病斑周边常形成浅绿色的环带，这种浅绿色的环斑是叶片抵御病原菌扩散而构筑的抗性"防火墙"。在病原菌入侵的中心点周边形成环状的、对于病菌进一步入侵具有抗性的环状浅绿色保护带。这些保护带因具有较多的抗性物质而维持绿色不变，尽管外围又有病原的入侵而使细胞组织干枯死亡。相似的症状发生在严重的夏季干旱之后。在暑热的伏旱胁迫下同样诱导绿色的银杏和马褂木叶尖叶缘部位出现浅绿色的边缘。而后在秋季（常绿植物或树木往往在春季）整个叶片正常变红变黄时因受到激素等抗性物质和水能平衡的影响而滞绿（维持绿色不变）（图46b，46c）。其机制往往被归结为激素和水能平衡的影响。类似的抗性反应曾经发生于扁担木叶片次生轮纹叶斑病的病斑周边（王斐等，2017）；2019年济南市区经历持续的春、夏连旱之后十几个树种的叶尖叶缘同样出现类似的抗性反应，其中包括荆条、黄栌、法桐、五角枫、三角枫、紫藤、国槐、乌桕、柿树、连翘、水杉等。

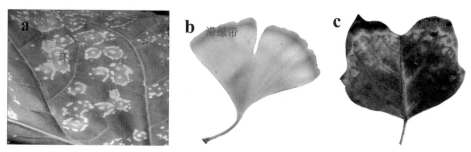

图46　植物环斑病周边和气象灾害受害叶片的抗性滞绿现象；a. 环斑病；b. 银杏叶缘滞绿；c. 马褂木叶尖滞绿。

　　显然，叶片在病原菌侵入点的周边以及水分和能量严重失衡的叶尖叶缘之内侧构筑了一条防卫屏障。在防卫屏障两侧产生两极分化，病斑和叶尖叶缘通常是通过光合叶面积缩减或蒸腾表面积缩减而丢弃的部位。同时防卫其余部位免遭环境胁迫和病原菌侵染的进一步伤害。这种防卫屏障在严重的干旱胁迫下四照花叶片叶尖叶缘焦枯发生时也持续地产生（Wang et. al.，2009）。在这种胁迫和抵抗的平衡过程中，叶片逐步从叶尖叶缘向叶基回枯。结果总是以局部蒸腾表面缩减和树体SPAC空间缩减的方式缓解了极端干热胁迫的侵袭。其作用似乎与局部叶片脱落是等效的。以牺牲局部器官和组织来维持树体水分和能量的平衡和持续地存活（王斐等，2017）。这种防卫屏障的形成也是植物适应气象灾害、病虫危害和严重环境胁迫的内在机理所在。

2.7.4　铁钾元素缺乏与光氧化失绿

　　2018年，我们以正常发育的绿色叶片为对照开展了失绿黄（白）化的木瓜、玉兰和金叶女贞叶片的铁和钾元素的定量测试研究。试样来自热红外成像设备观测过的失绿黄化木瓜、玉兰和金叶女贞叶片，这些叶片呈现明显的"发烧"即指温差负值状态。叶片经自来水冲洗干净后，用去离子双蒸水浸洗3遍以上。晾干浮水后在75℃通风干燥箱烘干。然后用电感耦合等离子体质谱法（ICP-MS）测定单位重量样品中的铁和钾的含量。

结果见图47a，夏季因热温较高而发烧的木瓜黄化幼叶（图21a）铁含量显著高于正常的绿叶。失绿黄化玉兰叶片的铁含量则低于正常的绿色叶片，而金叶女贞失绿黄化叶片与正常绿色叶片之间没有明显的差异（误差小于10%）。而钾元素含量的测定结果有相似的趋势（图47b）。这表明尽管这些树木出现相似的叶片缺绿症状，而且均出现了水分和能量的失衡，但是并没有一致性地测出叶片缺乏铁和钾元素的结果。

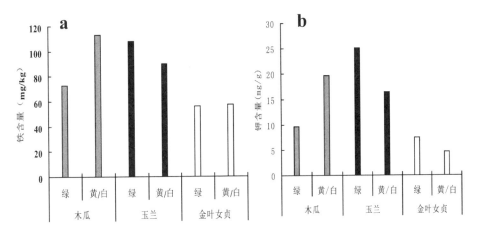

图47　正常绿叶和失绿黄化叶片铁和钾元素含量的对比分析；a. 正常绿色叶片和失绿黄化的木瓜、玉兰和金叶女贞叶片铁元素含量的比较；b. 正常绿色叶片和失绿黄化木瓜、玉兰和金叶女贞叶片钾元素含量的比较。

在另一次分析试验研究之中，分别测定辛夷和爬山虎叶绿素滞育且时常发烧的黄化叶片和正常绿色叶片的铁和钾元素含量时，发现绿色辛夷叶片的铁含量竟高达736mg/kg，黄化的辛夷幼叶铁含量也达到229.2mg/kg。与普通植物叶片相比铁含量相对较多甚至有些过剩。植物幼叶、成熟叶中铁浓度常作为铁素营养状态的指标，一般植物含铁量的变化在50-250mg/kg之间，其临界指标一般认为<50mg/kg属缺乏，50-250mg/kg为适宜，>300mg/kg为过量。但是这一指标并不能确切代表铁素营养状况，并不是所有被植物吸收的铁都能被转运，也并非所有被转运的铁都能被植物叶片细胞所同化利用。相反，由于铁在植物体内移动性差，往往缺铁黄化叶片含量甚至高于正常绿叶，也就是说，缺铁失绿有时不一定是铁的数量少而是铁失去了化学活性（汪李平，1995）。依据缺铁黄化论的原理，铁参与光合作用和叶绿素的合成。许多双子叶植物（尤其是果树）缺铁时常常出现新叶黄化现象，这主要是缺铁使叶绿素合成受阻所致。然而，大量的水培花卉实践证明，一年或数年期间长期的水培绿萝、富贵竹等花卉，没有失绿黄化缺铁症的出现。而且失绿黄化的金叶女贞和龟甲冬青水插枝条生根后，叶片迅速转绿（图22b，22d）。即使是用几乎无离子存在的双蒸水水培也是如此。这为缺铁黄化症的理论提出了严峻的挑战。不仅如此，在我国北方地区，经历雨季的超强降水洗礼之后，许多树种产生浓绿或转绿叶片，其中包括哪些失绿黄化、续红的树种。所以，从铁含量的测定结果很难断定缺铁是类似症状的诱因。我们不能排除存在营养元素匮乏症之外叶片失绿黄化的诱发因素。

相反，在上述我们进行的光合叶面积滞育和缩减的系统研究中不难看出，这些受害症状均出现的共同特征在于持续水分和能量失衡下的叶片"发烧"。最典型的事例就是光合叶面积滞育的贴梗海棠之迟绿幼叶（图21c）。始于2018年9月的持续性干旱一直到2019年7月份尚未结束。这些幼叶在持续的干旱、水分供应不足的前提下，叶片发烧、指温差为负值（图21a，21c），且叶片内各部位之间指温差没有明显的分化（图48b），叶色呈浅淡的白或黄白色（图48a）。经过2019年8月初的台风降雨缓解干旱之后，很多叶片从叶基开始沿主脉水分输送的途径逐渐向上及两侧变绿（图48c），这时叶片迟绿幼叶的叶尖叶缘与叶基主脉变绿部位的指温差值差异极显著（P<0.01）（图49a，图48d）。这意味着贴梗海棠叶片迟绿与其供水能力密切相关，幼叶因蒸腾耗水量超过叶片获得的水分吸收量而发生水分和能量失衡，因此迟绿。一旦水分条件改善叶温则脱离发烧状态而逐渐变绿。叶片变绿的过程与叶脉系统组织结构和部位关系密切，叶基和主脉周边具备获得水分等物质的先决条件，叶温率先冷却下来，因此首先变绿。且叶片变绿的部位与叶片蒸腾冷却旺盛的、叶温偏低的部位完全吻合（图48c，48d）。相

图48 贴梗海棠迟绿幼叶和逐渐变绿叶片的RGB和热红外图像；a. 迟绿幼叶的RGB图像；b. 图48a中叶片的热红外图像；c. 叶片始于叶基和主脉的变绿叶片之RGB图像；d. 图48c中叶片的热红外图像。

反，叶尖叶缘迟绿的部位与叶温偏高而发烧的部位相吻合。这些部位在持续的水分和能量失衡下仍然维持光合叶面积滞育的状态。

不仅如此，那些全叶刚刚转绿的叶片，叶片呈淡绿色，仍然可以检测到叶尖叶缘与叶基叶脉之间的指温差差异（图49b，P<0.05）。尽管这种差异已经很小，但是说明这些叶片还处于从下向上逐步降温而转绿的过程之中。这与那些叶色浓绿、叶片热温分布较为均匀的叶片形成鲜明的对比。尽管这些植株光合叶面积的滞育症状随着水分条件的改善而逐渐消失，但是其生长的土壤环境并没有改变，所以将光合叶面积滞育归因于立地环境中铁、钾元素的匮乏则证据不足。依此而论，植物光合叶面积的滞育或缩减更大的可能是

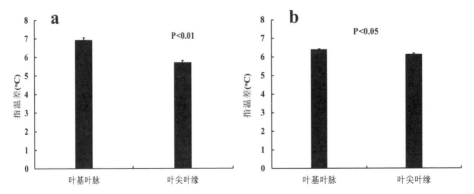

图49 雨季后期贴梗海棠迟绿叶片转绿时叶基叶脉和叶尖叶缘的指温差值；a. 叶基局部转绿叶片叶基叶脉和叶尖叶缘的指温差比较；b. 整叶转绿的叶片之叶基叶脉和叶尖叶缘的指温差比较。

叶片的光拟制发生时叶绿素的降解或漂白以及叶绿素生成的速率远远落后于分解的速率。

2.7.5　水分和能量失衡诱发的光氧化和叶绿素降解

综上所述，我们不能说含铁量相对较多的幼叶因缺铁而迟绿。相比之下更有可能是因为持续的水分和能量失衡诱发的光合叶面积滞育。此外，前述切脉试验直接诱导出非常相像的症状特征以及叶绿素乙醇提取液在阳光直射下的光解，这直接支持叶绿素光氧化漂白学说，叶片的失绿黄化更有可能是植物发生光抑制的结果。

在土壤、植物和大气连续体（SPAC）之中，水分是维持系统运转的核心物质（Kramer，1983）。它不仅参与光合作用，而且还与能量平衡有着直接的联系，进而影响光合色素的形成和维持。水分通过角质蒸腾、气孔蒸腾、物质和能量传输等参与植物能量的平衡过程。许多植物在不同发育阶段的迟绿、黄化褪色和变色等等与角质蒸腾相对旺盛、而气孔蒸腾冷却尚未产生的窗口期相匹配。也有些植物叶片的迟绿或失绿褪色与气孔蒸腾冷却不足而产生的能量失衡相关联。一些金色和银色的缺绿植物材料更是源于输导系统的种种障碍而产生系统性的水分和能量不均。若通过水培等手段等解决了这种障碍，叶片复绿返青随时可期。许多金叶和红叶树种在我国北方降水集中的夏季转绿就是较为典型的事例。更有甚者一些植物体为了一时的水分和能量不平衡而暂缓局部器官或组织内叶绿素的积累，这包括众多的花叶植物，如花叶芦竹、花叶榕、金边和银心吊兰等等。水分参与植物能量平衡而影响其叶绿素合成和分解平衡的更具说服力的证据在于一些暖温带地区常栽的常绿乔、灌木和观赏草本花卉的叶绿素含量与其气孔面积率a之间的显著正相关关系。也就是说，气孔蒸腾维持叶片能量平衡对于叶绿素的生成和维持具有明显的普遍性意义。

一些旱生植物通过在肉质叶片中保存大量能够维温的水分来适应极端干热的环境。这类植物共同的特点之一就是具有较低的单位重量叶片内的叶绿素含量。这本身也是通过减少光合叶面积来缓解能量失衡的重要手段。也有一些植物，通过迟绿、续红等光合叶绿素的滞育暂缓形成光合叶面积，以度过暂时的水分不均和局部能量不平衡的时段。这种"主动"的适应方式避免叶片因吸收过量的光能而受到的伤害；也就是说通过减少光合叶面积来缓解迅速增大的叶片受光量。

在水分和能量失衡发生时，大量的叶绿素存在对植物是非常有害的。因为过量叶绿素吸收更多的光能并转化成热量需要耗散。叶片的高温伴随着阳光的直射使富含叶绿素的叶片承受能量严重失衡的威胁。在持续的能量失衡发生后，植物叶片往往在远离SPAC核心部位的末端发生叶绿素的过度分解。众多的切脉试验、渗透胁迫试验以及秋季落叶前叶片水分和能量失衡的观测结果表明，阳光直射下植物叶绿素的光解、花色素的产生以及水分对叶绿素光解的缓解作用等等与田间阳光直射下植物叶片的失绿褪色、光合叶面积的缩减（王斐等，2017）以及花色素的大量形成相吻合。试验证明，在光热协同作用下，叶绿素脱水分解并部分转化成花色素，尤其是在持续的有机溶剂提取和浸泡之后。这种"被动地"光合叶面积的缩减同样是植物适应极端环境的重要特征和机制之一。

大量的观察和研究表明，植物的水分和能量失衡的表现形式是多样的，其一是发育初期的过快生长，这使得水分等资源供不应求，结果往往造成植物幼嫩光合器官内叶绿素的缺乏，即光合叶面积的滞育；另一方面则是在极端环境条件下难于满足植物体对水分等资源的需求，结果导致绿色光合器官或组织的失绿或褪色，即光合叶面积的缩减。其实，植物响应水分和能量失衡的特征更加复杂和多样。有些以焦尖或局部枯萎为主，有些则失绿黄化，也有些局部早红或续红。甚至有些叶片呈现由焦尖、到失绿黄化、再到叶色变红直至过渡到绿色叶基的梯度渐变。这说明，植物的蒸腾表面积缩减（Wang *et al.*，2009；Wang and Omasa；2012）和光合叶面积的缩减是同一胁迫过程中不同响应形式。只要从根本上解决了其水分和能量失衡的问题，一系列的症状则会迎刃而解。

不仅如此，这些问题的解决往往难于寻觅与矿质营养元素之间的关系。比如用纯净水培养叶尖叶缘迟绿或褪绿的金叶女贞枝叶，短短数日即可转绿，而且是沿叶脉逐步覆盖整叶。持续干旱环境中光合叶面积滞育的贴梗海棠幼叶在夏季丰沛降水之后，同样沿主脉逐步变绿。适度修剪枝叶人为减少山地构树的蒸腾叶面积，从而可以避免老叶叶尖叶缘黄化现象的发生。雨季气孔开度增大、叶色浓绿以及红/黄叶片的返青等等均从一定意义上证明类似的叶片失绿症是水分和能量失衡的结果。一些老龄树叶的失绿黄化甚至始于夏季水资源的分配不均，如火炬树下部叶片水分和乳液的停止流动等等。总之，一系列能诱发植物体水分和能量失衡的内外因素均有可能导致植物光合叶面积的滞育和缩减。矿质营养的缺乏或许是通过影响植物水分和能量平衡而起作用的，也许是在水分和能量失衡发生后的次生表现形式。众多的偏重土壤研究的结果需要结合SPAC体系进一步的深入而综合检测验证。这或许就是光合叶面积滞育和缩减的叶片时而铁和钾元素含量更高的原因所在。

　　在遗传学家看来，众多的观赏花卉和园林树木的叶片光合叶面积的滞育往往与其遗传基础有关。本研究结果表明，受植物或树木遗传控制的往往是其特有的结构，如表皮特征、输导系统和叶脉的类型、气孔的密度和分布等等。许多植物栽培变种或品种往往是栽培措施或极端环境刺激诱发的组织结构变化。植物的结构与其功能是统一的，具有不同组织结构的植物或树木对环境的响应是不同的。归根结底，植物光合叶面积滞育和缩减与否，取决于其基因型与环境的共同作用。银边吊兰在日光直射下常发育白色的叶缘，在阴蔽环境中白边消失就是较为典型的事例。

参考文献

　　Alberte R. S., Thornber J.P. and Fiscus E.L. Water stress effects on the content and organization of chlorophyll in mesophyll and bundle sheath chloroplast of maize ［J］. Plant Physiol. 1977, 59: 351-353.

坂村徹 . 植物生理学（上卷）［M］. 東京：裳華房，1958，384-385，645-647.

Bhardwaj R. and Singhal G.S. Effect of water stress on photochemical activity of chloroplast during green of etiolated barley seedling［J］. Plant & cell Physiology，1981，22：155-162.

Bidwell R.G.S. Plantphysiology［M］. Macmillan Publishing Co.，Inc.，New York，1979，164.

Bjökman O.，Powles S.B.，Fork D.C.，and Öquist G. Interaction between high irradiation and water stress on photosynthetic reactions［J］. Year Book-Carnegia Inst. Washington，1981，80：57-59.

Boyce J.S. Forest pathology［M］. McGRAW-Hill Book Company，New York，1961，49-53.

Cai Z.Q.，Slot M.，and Fan Z.X. Leaf development and photosynthetic properties of three tropical tree species with delayed greening［J］. Photosynthetica，2005，43（1）：91-98.

Crawford R.M.M. Mineral Nutrition，In Hall M. A. eds. Plant Structure，Function and Adaptation［M］. Landon；Basingstoke：Macmillan Press Ltd. 1976，249.

Daubenmire R.F. Plants and environments［M］. John Wiley & Sons，1959，222-231.

Feierabend J. and Winkelhüsener T. Nature of Photooxidative Events in Leaves Treated with Chlorosis-Inducing Herbicides［J］. Plant Physiol. 1982，70：1277-1282.

湖北省武昌县青龙林场 . 1973. 马尾松幼苗"紫化"的防治措施［J］. 林业科技通讯，1973（4）：13.

Jones H.G. Plants and Microclimate，a quantitative approach to environmental plant physiology［M］. Cambridge University Press，London，1983，152-157.

Jones L.R. Relation of soil temperature to chlorosis of Gardenia［J］. Journal of Agriculture Research. 1938，57：611-621.

Kaewsukusaeng S.，Yamauchi N.，Funamoto Y.，Shigyo M.，Kanlayanarat S. Effect of heat treatment on Mg-dechelation activity in relation to chlorophyll degradation during storage of broccoli florets［J］. Acta Horticulturae，2007，746：375-379.

Kozlowski T.T. Flooding and plant growth［M］. Academic Press. London，1984，206-207.

Kozlowski T.T., Pallardy S.G. Physiology of woody plants ［M］. Academic Press, San Diego, 1997, 122.

Kramer P.J. and Kozlowski T. T. Physiology of trees ［M］. McGraw-Hill Book Company, INC, 1960, 1-30.

Kramer P.J. Water relation of plants, Academic Press ［M］. New York, 1983, 164-185, 359-372.

Kramer P.J., Kozlowski T.T. 木本植物生理学 ［M］. 北京：中国林业出版社, 1985, 1-859.

Lambers H., Chapin III F.S., Pons T.L. Plant physiological Ecology ［M］. Springer Verlag, New York. 1998, 367-369.

Larcher W. Physiolosical plant ecology ［M］, Springer-Verlag Berlin Heidelberg New York, 1975, 267, 272.

李国银, 尹克宁, 王树良. 果树缺铁黄化研究进展 ［J］. 热带亚热带土壤科学. 1997, 6（2）：129-133.

马大浦, 黄金龙, 黄鹏程, 1981, 主要树木种苗图谱 ［M］. 北京：中国林业出版社, 50-56.

Mansfield T.A. and Jones M.B. Photosynthesis：Leaf and Whole Plant Aspects ［A］. In Hall M. A. eds. Plant Structure, Function and Adaptation ［M］. Landon；Basingstoke：Macmillan Press Ltd. 1976, 315.

Numata S., Kachi N., Okuda T., Manokaran N., Delayed greening, leaf expansion, and damage to sympatric Shorea species in a lowland rain forest ［J］, Jounal Plant Research, 2004, 117：19-25.

Sanchez R.A., Hall A.J., Trapani N., Hunau R.C.D. Effects of water stress on the chlorophyll content, nitrogen level and photosynthesis of leaves of two maize genotypes ［J］. Photosynthesis Research, 1983, 4（1）：35.

Silva-Stenico M.E., Pacheco F.T.H., Pereira-Filho E.R.b., Rodrigues J.L.M., Souza A.N., Etchegaray A.d., Gomes J.E. and Tsai S.M. Nutritional deficiency in citrus with symptoms of citrus variegated chlorosis disease ［J］. Braz. J. Biol. 2009, 69（3）：859-864.

Wang F., Yamamoto, H., Ibaraki, Y., Transpiration surface reduction of kousa dogwood trees during seriously losing water balance ［J］. Journal of Forestry Research, 2009, 20（4）：337-342.

王斐，张继权. 木本植物响应环境胁迫的重要特征和机制［M］. 北京: 科学出版社，2017，193-198.

Wang F.，Omasa K. Image measurements of leaf scorches on landscape trees subjected to extreme meteorological event［J］. Ecological Informatics，2012，12：16-22.

汪李平. 植物的铁素营养及缺铁症的防治［J］. 安徽农业大学学报，1995，22（1）：17-22.

Warming E.，Martin V.，Groom P.，Balfour B. Ecology of Plants［M］. Oxford University Press，Landon. 1909.

易现峰，杨月琴. 强光下植物的光保护机制［J］. 河南科技大学学报（自然科学版），2005，26（6）：78-81.

周仲明. 林木病理学［M］. 北京：中国林业出版社.1981，9-10.

3

夏季极端降水事件与树木的水分和
能量失衡及响应

3.1 引言

Kozlowski（1976）在描述干旱胁迫的表现特征时曾论述到"植物对干旱的响应往往有些滞后，复水后叶片迅速脱落或焦枯表明这是一个没有水分就不能完成的由水分胁迫诱导的伤害"。Rust and Roloff（2004）报道称，一些栎属的树种经历严重的干旱胁迫之后呈现滞后的响应，严重受害植株之小枝的带叶脱落发生在数周之后。如前所述，银杏、马褂木遭遇伏旱胁迫后到晚秋才显示出滞绿的保护条带。据笔者2007年在日本山口的观察，四照花干焦的叶尖与基部绿色叶片部位之间防卫屏障的形成往往是经历日间严重的伏旱之后在夜间形成的（Wang et. al.，2009）。台风0613号袭击日本山口之后许多乔、灌木树种的落叶、偏冠枯萎、整株枯死等等往往呈现数日或者更长时间的滞后。正是这种滞后使问题复杂化，也为影响因子的分析和判断带来困难。而且人们往往更加易于接受简单、直接、看得见和摸得着的结果和事实，易于忽略复杂关系背后的联系。在某种意义上这种复杂事物的关联分析不符合现行科学方法的实证要求，往往被贴上主观臆断的标签而加以拒绝。因此，这些复杂的问题常引发了一系列不必要的争议和混乱（王斐等，2017）。

Daubenmire（1959）有关气温与植物物候之间关系的论述曾表示，形成于夏季的多年生植物芽制约着来年春天的发育，强降雨、高云量以及相对低温常迟滞芽的孕育。Kramer（1983）表示，从18世纪早期就知道冷土降低植物吸收水分的作用，Guidi *et al.*（2008）的研究表明水分胁迫和光照协同（interaction）作用于常绿木本植物女贞的生理和生化代谢。许多暖温带的植物受15℃以下气温的伤害通常被归结为低温对幼苗的直接伤害作用。但是，有证据表明某些伤害与减少吸水引起的水分亏缺有关。这意味着对树木的伤害是胁迫因素与树体响应的综合结果。树体对一种胁迫响应的滞后常增加另一种胁迫因素叠加伤害的可能性。研究树体对环境胁迫的长期响应和隐形响应对于把握影响树木活力的因素更加有意义。

在木本植物较长的生命周期中，不可避免地要经受各种复杂逆境条件的袭扰及其叠加的影响（王斐，2012）。地处东亚季风气候区的我国东南地区夏季常遭受台风的影响而发生集中强降水事件。此地的树木在随后的冬季干冷气象环境中又要面临更加严酷的冬旱灾害。二者的叠加往往给该地区的农作物或树木造成严重的伤害。据有关气象灾害的历史记载（温克刚，王建国等，2006），在山东省气象灾害的历史上，类似的事件并非罕见。

早在公元500年的七月，"青、齐、南、光、徐和兖等州（发）大水"，泰安府同样遭受大水的袭扰。在随后的公元501年三月，济南府出现"陨霜杀桑、麦"。也就是说在公元500年7月的大水气象环境影响下，桑树和冬麦易于在翌年（公元501年）三月的霜冻中发生枯萎死亡。在"明代万历二十二年（公元1594年），济南、新泰、莱芜夏季（发）大水，济宁、滕州秋季（发）大水"，结果"明代万历二十三年（公元1595年）正月泗水陨霜杀果"。于"明代天启二年（公元1622年），新泰七月（发）大水，结果天启三年（公元1623年）三月新泰、曲阜、陨霜杀桑"。

清朝顺治九年（公元1652年）"山东多地（发）大水，昌乐、安丘五月、六月和八月接连（发）大水，翌年（公元1653年）昌乐、安丘大雨雪，平地三尺，牛羊、树木冻死几半"。清代顺治十七年（1659年）曹县、成武、单县、金乡、曲阜、滕县夏涝，翌年（1660年）冬金乡大寒，牛畜、树木多冻死。清光绪元年（公元1875年）济宁、鱼台、金乡夏季（发）大水，翌年（1876年）春，邹县春大歉、夏大旱、冬大寒，树木冻死。清光绪二十二年（公元1896年）冬峄县（今枣庄市峄城区）霖雨五十余日，山泉皆开，淹伤二麦。十二月大寒，树多冻死。清宣统二年（公元1910年）淄川水溢、汶河涨溢，南博山一带麦尽伤。翌年（公元1911年）3月19日，淄川陨霜杀麦、桑叶尽枯。1951年7月中旬到8月初，山东全省连降大水和暴雨，秋季聊城连降暴雨，翌年（1952年）春季（3月底到4月初）有记载冠县霜冻，有小麦冻死、椿芽冻死者。

有气象数据表明1984年受台风8407号的过境袭扰（图50a），山东莱芜、沂源周边降下大暴雨、且6-9月降水量远超常年值，据记载邻近的章丘县（今济南市章丘区），12月7-11日在创造极端最低气温纪录的低温环境下，梧桐（直径≤15cm）、花椒、石榴、香椿等外来树种冻死率20%以上。胡山林场冻死树苗200余亩。枣园苗圃冻死泡桐40万棵。冬青、雪松宜深受冻害。县园林处冻死大雪松100棵，室外各类多年生花木大部冻死。

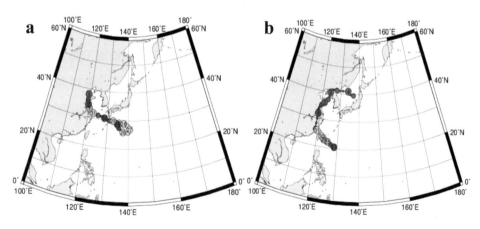

图50　袭扰山东半岛并诱发气象灾害的两个台风路径；a. 台风8407号路径；b. 台风9216号路径。

另外，据气象记载1992年9216号台风袭扰山东半岛（图50b），7月23日，德州市的庆云、乐陵、宁津三市、县遭受特大暴雨或冰雹灾害。3市、县平均日降水量分别达203、173、160mm，最大降水量338mm并伴有10级以上暴风。3市、县内超过200mm降水量的乡镇33个，超过300mm降水量的18个，并形成特大涝灾。在这种有利于果树花芽发育的环境中，翌年（1993年）4月3日，庆云县有5-6级偏北风、0.6mm的降水、24小时内日平均气温下降8.7℃。4日最低气温达到-0.9℃。导致开花期的果树全部（23433亩）遭受"冻害"，其中成灾的苹果8000亩、杏1000亩、桃1000亩。

湖北省位于我国中部、长江流域中游。其气候特点是冬冷夏热、冬干夏雨、旱涝频繁。是中国气象灾害多发和重灾省份之一。常发生洪涝、干旱、冷冻等气象灾害以外，往往引发滑坡、泥石流、农林作物病虫害、森林火灾等次生灾害。事实上，这些气象灾害严重影响生物的生产，尤其是生命周期较长的多年生木本植物。其中暴雨洪涝灾害、干旱灾害与低温冻害的叠加和链接诱发的严重复合灾害也较为常见。严重地影响着该省柑橘等木本植物的生长和果品的生产。

湖北的气象灾害对于社会经济造成严重的危害，古时就有"城市沉没、累月不泄、舟入市、漂没仓舍、人畜死亡甚众""久旱不雨、禾麦槁尽、赤地千里""斗米千钱、野有饿莩、人相食、民死过半"的记载。寒潮冻害也是湖北冬季常见的自然灾害。曾有记载称：严寒天气使"河流冻合、江水冰、麦苗多损、树木冻折、鸟兽冻死、民多僵死"等等。

纵观湖北暴雨洪涝灾害、干旱灾害与低温冻害等自然灾害的历史，不难发现严重的寒潮冻害，尤其是多年生木本植物大范围遭受严重冻害甚至致死的事件发生之时，往往与该地夏季降水过多或者过少而引发的树体代谢紊乱、贪青徒长以及免疫力降低有关。

地处亚热带的长江中游地区，湖北多年生木本植物遭受严重冻害而致死的灾害可以追逆到很久以前。早在1495年明朝弘治八年"湖广大旱"，同年"11月蕲州大雪、甚寒，树木冻死、鸟飞坠地"（温克刚和姜海如等，

2007）。"清康熙五年（公元1666年），江夏等十二县，沔阳等州县卫所旱灾，大冶夏旱"，同年"冬，大雪四十余日，竹为之枯"。"清康熙十九年（公元1680年），宜都、宜昌：六月大水、七月大水"，同年"冬，宜都大雪、树木冻折，飞鸟坠地死"。

"清康熙二十九年（公元1690年）夏，湖北省大面积干旱，导致大范围饥馑灾荒，"安陆、武昌等三十五州县赈济谷米"。该年"十一月长阳大雪，树木冻绝、飞鸟坠地死；宜都十二月大雪，树木冻折"。

"清乾隆十年（公元1745年），湖北省部分地区雨水过多，"枣阳、江陵五月大水。当阳、沔阳夏秋大水"。该年冬"十一月广济大雪，冰厚尺余、文庙县署大柏树多冻死；英山树竹冻死甚多"。

"清道光二十一年（公元1841年），湖北省多地水灾，"潜江夏大水，堤溃；汉口、江夏七月水灾，灾民十余万。松滋大水，涴市下江堤溃；公安大水、堤溃；蕲春大水、饥"。该年冬"十一月大雪，平地数尺、至翌年二月始消，英山民多冻馁死，竹木亦多冻死；蕲春人畜树木多冻死；广济木冰枯死"。是年，邻近的湖南省亦降水过多，"长沙、善化大水。邵阳三、四月淫雨连旬，大水。岳阳、湘阴、临湘夏大水。谷价腾贵。湘乡、衡山夏大水。该年湖南冬下雪期长，特冷，人畜冻死。平江冬大凌，杉木多冻死。"（温克刚，曾庆华等，2006）

"清咸丰十一年（公元1861年），湖北潜江、湖南湘阴及其周边降水过多。湖北"潜江等多地多雨（水）；潜江、钟祥、公安、松滋夏大水，高石牌、潜江河巷烟墩等处堤溃"。湖南"湘阴、巴陵、临湘、安乡、益阳湖乡大水"。该年冬"湖北崇阳十二月下旬连日大雪，深数尺、隽水冰坚可渡。山中鹿尽死。桂、柏、棕、柞、冬青等树，靡不冻枯。湖南醴陵、正月兼旬大冻、木冰介、大树冻死。善化、宁乡、益阳、临澧、湘阴、平江、湘乡、浏阳、桑植腊月大雪、深四五尺，河水冰坚可渡，树木人畜多冻死"。邻近湖南和湖北的江西省"公元1860年彭泽八、九、十月大水。瑞昌十月长江出现罕见洪水。安仁冬恒雨。南昌水决各堤，塌毁殆尽。余干大水，淫雨弥月，晚谷出芽……翌年（公元1861年）奉新春大冻，树木多陨。"

"清咸丰十二年（公元1862年），湖北"通山夏季水灾；周边武昌、咸宁夏大旱；十二月二十七日通山大雪五日夜，平地深五尺许，松柏多冻死"。

"清顺治八年（公元1651年）湖南澧水大旱。永明、石门、安福、慈利六月大旱，兵荒交困，斗米千钱，饿死十之三。沅陵、辰溪、泸西大旱、大饥，斗米银七千，民多饥饿，人相食。沅州各县大旱，民多饥死。永州大旱，斗米钱四千，饿死者五六百人"。翌年正月邻近的"湘阴、湘乡大雪，河冻冰坚，树皆冻死"。

"清顺治十年（公元1653年）江南、湖广等处亢旱。湖南大旱灾，各州府、县皆灾。长沙府各县大旱，人相食。益阳大旱从春二月至秋八月七个月不雨，城中热浪滚滚，农村晚稻颗粒无收。入冬后，长江中、下游冬冷，严寒大冻。全省大雪、洞庭湖结冰。长沙、宁乡、湘乡凌冰两月不解，树皆折摧。湘潭河冰坚不能行舟，树木冻死甚多"。

"清康熙九年（公元1670年）湖南衡阳、清泉、耒阳、安仁、酃县、衡山、龙阳旱，沅州西部大旱。湘乡冬大雪河冻冰坚，柳梓柑橘诸树皆冻死。衡山大雪深数尺，六畜冻死，竹竿半活。耒阳冬大雪六十日，山中合抱大树尽被压死"。

"清康熙四十四年（公元1705年）湖南全省大水，饥。夏，安乡、沅江大水。麻阳、沅陵一带夏大水。翌年（公元1706年）二月，泸溪大雪，山中竹木尽折，桃李花冻死"。

"清康熙五十二年（公元1713年）江华夏大旱。湖南湘阴大旱，田野皆赤。长沙十二月大冰，河冻，涝唐河骆驼嘴人马可行，两岸果树冻损严重"。

"清乾隆十一年（公元1746年）湖南湘阴自三月不雨至八月。长沙、武陵、桃源、龙阳、元江夏大旱。长沙府、益阳、安化、宁乡入冬后大雪，树木死者大半"。邻近的江西省"清乾隆十年（公元1745年），奉新、婺源五月大水。……乐平冬十一月大雪严冻，竹与樟皆冻死，安仁橘、柚、竹、樟皆枯。翌年（公元1746年）正月贵溪大雪，樟木、橙柚尽冻折。丰城正月雨木冰，树折。古樟树多死"。

"清咸丰十年（公元1860年），湖南"湘阴……武陵、龙阳、澧州大水，安乡大水，高于堤二三尺，城可通舟，官廨仓谷流尽。湘阴、华容因河湖水涨，垸田间有被淹。邵阳三月、闰三月、四月阴雨六十余日，邵阳、安化五月水灾，巴陵被水成灾；临湘、平江夏六月大水。安化、龙阳、安乡、慈利、石门、桃源、澧州、平江、宁乡十二月大冰雪，河水冰坚可渡，树木鸟鹊冻死。善化、保靖冬大雪凌，树木压折者无算。平江平地雪深三尺，树木多冻死。澧州十二月二十七日雪后大凌不及地，高山平垠树木皆半折已死。慈利冬十二月大雪冻，草木咸萎。保靖冬大雪凌，冰坚可渡，乡间树木鸟畜多冻死"。

"民国元年（公元1912年）湘、赣、闽、粤各省大水。湖南湘潭……南洲厅、沅陵、溆浦、永顺大水。夏永顺内保虫荒，外保大水，内外皆饥，莫能援救。五月，湘乡县山洪暴发，特大水灾，水漫万福桥，灾民数千。五月十三日，兰田猛雨一夜，造成特大水灾，房屋被毁殆尽，人畜漂没无数，溆浦、沅陵县大水，六月二十五日溆浦城内水深一丈二尺，一时蔽江而下者计万人。是年岳阳、华容、临湘、平江、湘阴等地冬大冰，冻达四十多天，树木冻死"。

"民国十八年（公元1929年）湖南水、旱、虫、风灾交侵。各县连遭数灾。遭水灾的有长沙……常德、桃源、安乡、沅陵等等。邵阳、城步水灾。新宁水灾，加上夏旱，收成不过三成，全县减收四十万担。六月十二日，资兴大洪水，六月十四日永兴便江洪水，汝城大雨成灾，安仁河水陡涨数丈，桂阳、嘉禾亦遭水灾。夏，岳阳、临湘、华容、湘阴大水。岳阳早稻熟时连续暴雨，沿湖打捞谷芽。临湘江水暴涨，沿河四十八权一片汪洋。华容各垸渍水丈余，棉、稻尽没，收成仅十之四五。七月，湘潭县水灾，受灾十一万多人。是年冬益阳凝寒，竹木多冻死。湘北十一月中旬大冰冻。临湘、岳阳从腊月到正月冰冻四十五天，牛多冻死。常宁从十一月到二月三个多月，树木、楠竹冻死很多。湘潭、湘乡寒潮入侵，十二月十八日开始结冰，至次年二月连续不断，竹木冻死甚多"。

"民国三十一年（公元1942年）宁乡四月下旬山洪，安化五月山洪暴发；六月大雨，洪江山洪暴发，河水陡涨数丈；醴陵夏大水，隔旬再涨；茶陵十六个乡镇受灾面积为三十八万多亩，平均减产六成。湘阴、平江等地夏淫雨连绵，洪水成灾；七月湘潭大水，持续二十多天。翌年（公元1943年）三月湘北大雪，宁乡雪凌春收作物损失重，森林死不少。

邻近的柑橘主产省江西省"明嘉靖二十九年（公元1550年）峡江夏六月大旱。冬安福大雪，竹木多冻死"。清乾隆九年（1944年）德安自正月至五月初四乃得雨，民始插禾。武宁大旱，自七月至次年五月初三夜始雨。雨后又旱，至十月乃雨。上饶、余干、乐平夏大旱，贵溪夏旱。十一月万年大雪严寒，竹与樟皆枯死。乐平十一月大雪严冻，竹木皆枯死（温克刚、陈双溪等，2006）。浙江省"清顺治十二年（公元1655年）四月，金华府属五州皆旱；会稽、宁波、余姚、慈溪、镇海夏大旱；钱塘、临安旱；淳安、遂安四至七月不雨，严州大旱；海盐夏秋大旱。是年十二月东阳大雪，至次年二月积冻不解，道路不行，竹木冻死过半（温克刚、席国耀、徐文宁等，2006）。上海市"明正德四年（公元1509年），七月初六至十一日，淫雨连绵平地水丈余，溢府庭，漂没民庐；自是三年内大水为灾，人饥死者数万。冬松江极寒，竹柏槁死。橙橘枯，绝种数年"。

以上历史事实为自然灾害链、极端气象事件的叠加导致多年生木本植物严重受害甚至枯死提供了佐证资料。另一方面，在一些重大气象灾害事件发生之时，尽管对农作物、交通运输甚至人民生命财产造成严重破坏，在没有其他极端气象灾害事件协同作用的条件下，仍然没有大量树木枯萎死亡的发生。以湖南为例，1934年我国湘、鄂、赣、皖等省份干旱严重。湖南出现特大干旱，是历史上最严重的干旱灾害发生年份。是年湖南69县大旱成灾。自夏迄秋（6月中旬至11月上旬）久晴不雨。全省受旱田共154.9万公顷，占总田面积的53%。自南至北，稻禾枯死，草木干萎……1935年湖南赈灾委宣称："上年湘省69县因亢旱成灾，饥毙110余万人，全省因灾停办学校19751

所"。然而，是年除北端的石门、益阳、宁乡有电线积冰外，没有树木、禾苗严重冻害的记载。1963年湖南又出现最严重的四季连旱，全省因旱受灾77县，成灾55县，受灾人口1600万。与此同时，没有极端降温和降水的协同作用。该年也没有大面积树木枯萎事件的发生。

在一些极端寒潮低温年份，没有夏季过度降水和高温干旱等灾害的协同作用下，同样没有大量树木枯萎的发生，尽管已经发生严重的雨凇，如"树冰介、树木介、木冰、木冰介，甚至冻折、压断……"。清嘉庆二年（公元1797年），湖北除西北襄阳、南漳等局部县受旱外，没有大的雨涝和干旱灾害发生，是年"冬十一月，崇阳（地处湖北东南角），木冰，被折过半"，类似的事例为数甚多。另外，此类现象在少有伏旱侵袭且柑橘等果树少有严重冻害的四川、福建、云南等省、市较为常见。

此外，亦有严重的树木冻害发生时未能发现大范围严重干旱和雨涝事件的协同的事例。如："清道光二十七年（公元1847年），湖南平江冬大凌，达49天，树木多冻死"，尽管没有重大的干旱和雨涝事件的发生，然而，这年7月周边的"湘阴、益阳、湘潭（发生）大风拔木"。显然树木严重冻害或枯萎往往伴有其他自然灾害的叠加效应出现。强风同样可以诱发树体代谢失衡，从而增加对寒潮低温的敏感性。而森林火灾也往往与气候干旱、森林易燃物的增多相关联。总而言之，多年生树木的灾害、枯萎和死亡是复杂多样的，需要我们全面分析和应对。

3.2　女贞冬旱灾害与夏季极端降水事件的关联

Lange（1976）表示，生物学中许多动态现象和运输现象与水的结构是密切相关的。即使是高度进化的有机体都经受着邻晶水（vicinal water）多种反常性质的影响。约有160种哺乳动物的体温集中分布在38℃附近。而绝大多数哺乳动物的体温维持在35℃-40℃之间。这个温度范围是不是地球生命最佳温度领域至今尚不清楚，但是大量的事实表明超出这一范围许许多多的动、植物易于出现这样那样的问题。

可以这样讲，由于生物组织里薄水层内部发生着许多有序和无序的协作现象，才使得生命表现出许多戏剧性的变化，这种协作现象似乎在许多生命过程中起着主要的作用。如前所述，大量的木本或草本植物的指温差值观测结果表明，以人体体温为参照的指温差的负值往往预示着这些植物或树木的胁迫或严重胁迫状态的出现。这突出地表现在夏季干旱胁迫影响下，众多植物表现为叶变色、光合叶面积缩减、蒸腾表面积缩减甚至是整株的干枯死亡等等。

以济南市2019年暑期为例，始于2018年9月且持续近11个月的干旱期间，降水量仅仅是常年的50%左右，济南市知名的泉水停喷、水库干涸……山地更是缺水严重。2019年7月底到8月初，气温持续走高到36℃-38℃。即使是耐干旱瘠薄的侧柏也出现平时不怎么常见的指温差负值的发烧状态，尤其在山坡上部土层浅薄、岩石裸露的立地（图51a）环境中。不仅如此，无论是山上和山下，石灰岩山地常见的荆条叶片也呈现发烧状态，指温差均小于零。同时叶

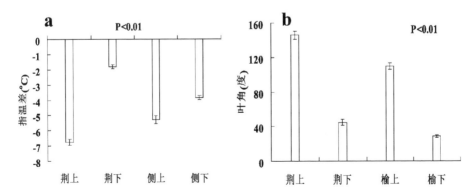

图51 2019年夏季干旱期间燕子山主要树种的指温差和叶角；a. 山上部的荆条（荆上）、下部的荆条（荆下）和山上部的侧柏（侧上）、下部的侧柏（侧下）的指温差数值；b. 山上部的荆条（荆上）、下部的荆条（荆上）和山上部的黄榆（榆上）、下部的黄榆（榆下）的叶角值。

角增大呈萎蔫状态（图51b）。适应山地环境的黄榆叶角也增大、叶片萎蔫，尤其是分布在山顶的植株。

进入仲夏三伏天，伴随着干旱的持续，经历持续的高温和干旱以及叶片发烧之后，山顶少量侧柏幼树以及个别侧柏单株枯萎死亡（图52a）。而灌木荆条出现明显的枯梢和叶片干焦（图52b）。

图52　2019年夏季持续干旱环境中燕子山常见的侧柏、荆条的响应特征；a. 侧柏幼树的枯萎；b. 山顶荆条的局部枯梢和干叶。

一些新植的玉兰街路树经过持续的"发烧"而叶片干焦、大量脱落（图53a）。木槿叶片枯黄始于树冠下部且向上部枝条扩展，甚至蔓延到整个树冠（图53b）。新植的樱花出现叶尖叶缘焦枯（图53d），大范围的冬青卫矛（图53c）和扶芳藤叶片流行白粉病。

Salleo（2002）曾认为植物落叶过程和冬季休眠始于夏季树干输导系统的栓塞。暑期等极端气象事件及其串联和叠加会影响温带四季分明地区多年生木本植物的生长节律，是扰乱其代谢平衡和生长周期的"罪魁"，也是树木成长中至关重要且易于被人们忽视的问题。

一些植物萌发太迟、发育太慢，以至于生长季节后期仍然贪青徒长从而易于受初霜的伤害；反之，一些植物过早萌发、发育过快则面临被晚霜伤害的危险，使其生长周期与气候节律不协调，诸如此类即为适应不良。女贞

图53　一些街路树在持续的水分和能量失衡之后呈现的受害症状；a. 玉兰叶片干焦和脱落；b. 木槿自下而上叶片枯黄；c. 冬青卫矛叶片白粉病；d. 樱花叶尖叶缘焦枯症。

生长旺盛且生长周期较长，树高和直径的生长可持续到冬季11月中旬甚至更晚。据报道，女贞在10月中旬仍然有高和径的生长高峰值出现（张江涛等，2017）。个别江南种源直到11月25日还呈现一定程度的地径生长量。这种延迟休眠或无休眠状态在高纬度地区将面临较高的低温灾害风险。相比之下，北方落叶阔叶林区广泛分布和栽培的黑杨无性系截止到9月底高径生长已基本结束（秦光华等，2002；彭婵，2013），因此对干冷的冬季适应相对较好。

外部环境因素往往通过诱发树木体内水分和能量的失衡而起作用。在我国落叶阔叶林带所在的半干旱半湿润地区干旱常发生在冬季。土壤冻结和导管结冰使一些木本植物供水受阻，未得到雪被保护的枝叶因持续失水而导致水分失衡。晚冬时节土壤尚未解冻、日照增强进一步增加蒸腾耗水量，结果使受害加重（Larcher，1975；Daubenmire，1959）。在生长季节中雨量充沛且分配均匀的地区植物茂盛。气温对植物的影响部分是通过作用于其水分关系来实现的。因为气温的升高往往伴随着蒸发蒸腾速率的增加（Turner and

Kramer，1980）。另一方面，水是比热值最大的自然物质，高比热值有利于树体温度的稳定。水分的蒸发蒸腾具有显著的冷却作用，同时水分冷凝时又有增温效果（Kramer，1983）。目前人们对水分的蒸腾冷却作用研究稍多（Wang *et al.*，2012，2013），而对于增温效果的研究则微不足道。

有关植物的冻害和霜害，较为经典的理论认为其原因是细胞质的脱水凝固和细胞间隙冰晶的机械伤害（Iljin，1957）。当前较为常见的则是木质部形成气栓的解释（Kramer，1983；Kozlowski and Pallardy，1997；Tyree and Zimmermann，2002），以及在此基础上发展起来的水力结构学（Tyree and Ewers. 1991；Tsuda and Tyree，1997）和木质部脆弱性学说（Sperry and Tyree，1988）。尽管蒸腾表面积缩减的理念（Warming *et al.*，1909；Yapp，1912；Thoday，1931；Orshan，1954）并没有引起人们更大的注意，但是其合理的内核在近来为数不多的研究中得以延续（Wang et. al.，2009；王斐等，2017）。从症状特征来看，冻害往往呈现空间的异质性，从不同枝序、叶序再到不同的组织和部位（Wang *et al.*，2013）。与许多落叶阔叶树种夏季干旱胁迫的受害症状相似，女贞等常绿树种冬季冻害的主要受害症状之一就是落叶和叶尖叶缘的焦枯。即远离中央叶脉的组织枯萎或分离脱落（Wang *et al.*，2009）。

就叶尖叶缘的焦枯而论，异质性"∧"形症状难以用细胞质脱水凝固说和机械伤害说进行合理的解释。从导管越粗大栓塞越严重的木质部气栓理论似乎也难以理解（王斐等，2017）。然而，与植物体内水分和能量失衡条件下水资源再分配的蒸腾表面缩减理论相吻合。也就是说，之所以一部分组织和器官受到伤害另一部分则没有或者受害较轻，植物组织结构的空间异质性使得未受害的部位并没有发生水分和能量的严重失衡（Wang et. al.，2012）。或者说植物通过资源的再分配使得部分器官或组织免遭水分和能量失衡的影响。我们从女贞冬旱灾害的发生与极端气象事件的时空分布关系、与立地条件和个体发育的关系以及组织结构特征等方面进行了深入的研究。发现女贞冬旱灾害与众多的木本植物在水分和能量失衡状态下呈现的症状一致，属于一种水链断裂后蒸腾表面积的缩减。许多外部环境因素均可以诱发该类症状的发生，其中低温和夏季极端气象事件就是较为典型的代表。

3.2.1　女贞冬旱灾害的受害特征

寒冬对植物或树木的伤害包括两种类型，其一是组织水分冻结造成的直接伤害；其二是输导系统的冻结而使地上器官的水分入不敷出。这种伤害有不同的说法，有冻害、旱害、干害，也常被称之为冬旱害（Kramer and Kozlowski，1960）。针叶林的树种在冬季来临前有个"抗寒锻炼"的过程，在没有经过锻炼的秋天，–7℃的温度足以使云杉针叶冻死。但是，正常经过锻炼的针叶有忍耐–40℃低温的能力（沃尔特，1984）。在北温带落叶阔叶林带，林木大多以落叶的方式应对冬季极端干冷的环境。在这一地区的绿化栽培树木中，一些逐渐驯化北移的常绿乔、灌木树种对栽培环境的变化较为敏感。直接冻害和冬旱危害皆有发生，而后者造成的伤害更加严重，影响范围也更大、受害的树种也更多，而且难以觉察（沃尔特，1984）。

女贞（Ligustrum lucidum Ait.）原产我国长江流域及其以南地区，北方地区有引种栽培。山东省栽培较为普遍，但是在冬季时而遭受低温袭扰。低温对植物或树木的胁迫常与干旱胁迫相伴而生，寒潮袭击导致女贞叶片冻结时的数字图像可明显地观察到叶尖叶缘冻结脱水的痕迹（图54a）。在人体加温法（Wang et al.，2013）加温叶片后的降温过程（图54j）中由于叶尖叶缘部位水分亏缺而降温较快，叶基和中脉部位水分较多而降温缓慢；由于水分的维温作用而使拍摄的热红外图像可以非常清晰地观测到叶内水分分布的异质性；叶片的热红外图像呈蓝色低温边缘和绿色叶基和中脉（图54b，54g）。随着这种冻融交替的持续和叶片水分永久断链的发生，结果使得冻融的痕迹刚好与这些树种局部叶片发生的叶尖叶缘永久枯萎特征（图54f，54g）相吻合。这种叶片局部蒸腾表面积缩减的表现形式不仅仅出现的冬季极寒天气之中，而且在夏季干热的环境中许多植物或树木也有这种现象的发生，尤其是落叶阔叶树种。如银杏、紫薇、四照花等等。

尽管夏季女贞叶尖叶缘枯萎的症状较为少见，但是在真正发生生理脱水时，出现相同的症状不足为奇。在夏季的7月上旬，室内维持在28℃-33℃的干热环境中，开展女贞当年生枝叶饱和蔗糖溶液渗透胁迫试验。试验过程是截取当年生女贞枝条，带叶插入装满饱和蔗糖溶液的500mL塑料瓶内，持续观察叶片的变化，并用热红外成像仪检测叶片热温。待"∧"形脱水症状出现之时，分别拍摄RGB和热红外图像；然后，剪取部分叶片浸入水中任其自然复水，观察和拍摄叶片复水过程。

　　研究发现，冬季女贞冬旱灾害表现的症状完全可以在夏季渗透胁迫试验中再现出来（图54c）。在低温和干旱胁迫严重时，一些细脉断链而看不

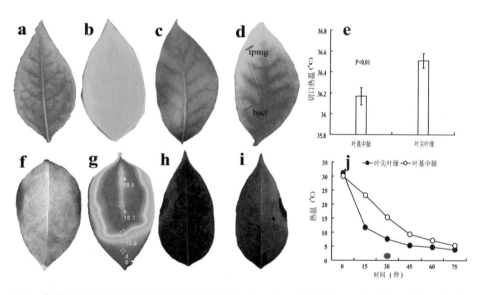

图54　冬季干旱胁迫和夏季室内蔗糖渗透试验环境中女贞受害症状的比较；a. 冬季冻结脱水状态下的女贞叶背面RGB图像；b. 冬季用手温加热后降温过程中女贞叶（图54a）的热红外图像（热像温度从黑、蓝、绿、黄、红到白依次递增）；c. 夏季饱和蔗糖溶液中渗透胁迫下女贞叶背面RGB图像；d.夏季饱和蔗糖严重渗透胁迫下女贞叶（图54c）的热红外图像，tpmg和bsct分别是在叶尖叶缘和叶基中脉部位做的微创切口；e. 渗透胁迫呈现脱水症状的叶片之tpmg和bsct部位切口的热温比较；f.冬季叶尖叶缘枯萎症状开始时的女贞叶背面RGB图像；g. 冬季用手温加热后降温过程中女贞叶（图54f）的热红外图像；h. 夏季女贞蔗糖渗透胁迫"∧"形症状的出现；i. 蔗糖渗透胁迫导致叶尖叶缘蒸腾表面积缩减后的女贞叶背面（图54h）开始渍水的部位；j.图54g和图54b女贞叶片加热后降温过程中的热温值，图54g恰好是降温后30秒钟（●）时刻拍摄的热像。

到叶片末端的水迹，在这些水分断链的部位叶色既不同于已经枯萎变褐的叶尖部位，更不同于仍然溢水且水迹明显的存活叶基部位，一般情况下颜色偏浅。这时由于叶温更加接近敏感阈值范围，应用热红外成像往往可以直接检测出水分在内聚力作用下从叶尖叶缘部位收缩到中脉和叶基的热温特征（图54d）。不仅如此，若在叶尖叶缘和叶基中脉部位分别进行微创切口，用热红外成像仪可以检测到具有统计学意义上明显的切口热温差异（图54e），一定意义上讲这是叶片水分异质性再分配影响能量平衡的体现。在此后的叶片复水过程显然是沿叶基和中脉逐渐向叶尖叶缘扩散的过程，且在永久枯萎的叶尖叶缘部位难以复水（图54h，54i）。这与雨季后期贴梗海棠叶绿素滞育叶片复水转绿的过程非常相似。该试验表明，女贞叶尖叶缘枯萎的蒸腾表面积缩减症状并非冬季低温严寒的专利，而是植物体内水分和能量失衡的结果。

夏季众多的植物叶片在遭受生理脱水袭扰时常表现出萎蔫状态，叶角逐渐增大从而改变了与直射日光的入射角度，减少接受热能的数量。其实在低温寒潮袭击过程中，女贞叶片卷角（叶角）与一些落叶阔叶树种夏季干旱胁迫相似，伴随着气温的急剧降低叶片开始萎蔫，而叶尖与叶柄的叶角逐渐增大。相同的低温气象环境下，瘠薄山地立地条件中栽培的女贞植株往往因土壤干旱、供水能力低下而叶角更大（图55a山地薄土）；土层深厚、供水能力强的平坦立地上栽培的女贞植株叶角较小（图55a平地厚土），甚至与正常气象环境中相近。也就是说，冬旱发生之时常绿树种女贞在发生叶尖叶缘永久枯萎之前，叶片总是以机械应力的方式来响应。而在相近的气象环境中，干旱瘠薄的山地栽培的女贞叶片焦尖率较大（图55b）、叶片受害内角也大（图55c），在土层深厚，水土资源丰厚的平地叶片焦尖率较小（图55b）、叶片受害内角（IAIA）也小（图55c）。

叶片受害部位内角（internal angle of injured area，简称IAIA）是以受害症状在中央叶脉上蔓延到的最远端（如果受害部位远离中央叶脉时以受害部位最靠近叶中心的部位）为顶点（TP），以该点到叶片两侧叶缘受害部位到达的最远端的连线为两边（BD）而构成的角（IAIA）。该角的测量可以使用

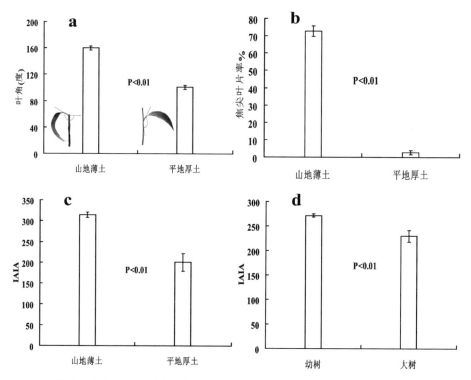

图55　冬旱胁迫下女贞叶角、叶片焦尖率和IAIA的变化；a. 不同立地条件下女贞叶角的对比；b. 不同立地条件下女贞叶片焦尖率的对比；c. 不同立地条件下女贞叶片IAIA的对比；d.2018年新栽幼树与成年大树之间叶片受害内角（IAIA）的观测值；IAIA的观测方法见附录7。

许多应用软件来完成，如Imagetool 3.0。该指标主要反映单个叶尖叶缘焦枯的程度，IAIA值大于180度的受害症状一般被称之为"∧"形症状（王斐等，2017）。IAIA的观测是在野外逐棵受害树木拍摄树冠最严重的受害部位之叶片，无焦尖叶片的植株无需拍摄。然后，在进行内业处理和分析时，逐个测量每一个清晰而端正的焦尖叶片之IAIA值。调查地点的选择，以标志性植物园、公园、广场和庭院为主，辅之以交通方便的车站、街道周边栽植的成年大树，尽量避免调查和拍摄未成年或新植的幼树。对于地形地势复杂多变、受害程度分化严重的地点，一般按地势进行上、中、下多点调查后取平均值。

　　水分平衡与能量平衡之间存在一定的必然联系。鉴于水分对树体温度的维稳作用，且冬季地温往往高于气温。伴随水分的输导而发生能量的输送，这时叶温更加接近地温，因此高于周边背景或地面温度。水柱的中断则使能量输送终止，这时距地更高更远的叶片温度低于地面或背景温度。干旱山地易于水分胁迫，叶温偏低（图56a）更多的是由于承担能量输送的水分不足或水柱的断链。其直接的证据来自于用生长锥钻树干后，钻孔的温度明显高于周边树干的表面温度（图56b）。相对于实物背景温度，泉水冬暖夏凉。在泉群（济南名泉趵突泉）附近水温比远离泉水的湖水（济南名湖大明湖）高十几摄氏度，尽管二者相距仅一公里左右。通过水能输送，泉水对于树体维持能量平衡起着至关重要的作用。泉水持续维持树体温度稳定的效应，使得周边的女贞等常绿乔、灌木的叶片少有受害，即使有个别叶片出现受害症状其IAIA也很小，相比之下靠近湖边的女贞植株尽管同样存在输水的维温作用，但是因其水温较低而IAIA明显较大（图56c）。

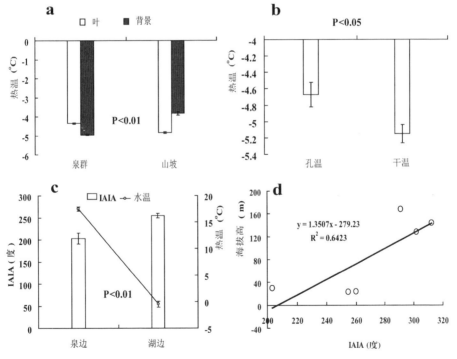

图56　低温寒潮期间树木和环境的热温观测及其与叶片IAIA的关系；a. 趵突泉与燕子山叶温与背景温度（地温）的差异；b. 干温与生长锥钻孔孔温的对比；c. 低温寒潮期间趵突泉与大明湖水温的差异及由此而致的女贞叶片IAIA的不同；d. 山东济南观测的IAIA与立地海拔之间的相关关系。

之所以出现与一些树种夏季相似的受害趋势，不仅仅是单纯的细胞冻伤的问题。其实是一个低温影响树体内部水分和能量平衡的过程，是低温增加了干旱环境中植物体内水分胁迫的程度。以至于水链在末端拉断，产生与夏季干旱相似的叶尖叶缘焦枯的症状。尤其是旺盛生长的新植幼树，幼树叶片的受害内角往往也明显地大于成年大树（图55d）。

栽培在土层浅薄、干旱贫瘠立地上的女贞，在冬季气温不算很低的年份照样受害，不仅叶尖叶缘焦枯，甚至叶片部分或全部脱落。相比之下，土层深厚、靠近水源者受害较轻，在水温较高的趵突泉群以及尚未结冰的大明湖附近的女贞植株很少或者受害较轻。济南市山地和平地之间女贞受害的异质性研究表明，女贞对土壤干旱相对敏感。结果是，从济南北部海拔相对较低的湖泉地区到南部山区，受害逐渐加重。以至于女贞叶片的受害内角IA与对应的海拔之间呈现明显的线性正相关关系（图56d，$R^2=0.6423$），尽管在同一地点受害的程度存在一定的分化。

在春夏之交，用生长锥打孔测定遭受冬旱而局部或全部落叶的女贞植株的树干热温，并钻取木芯；树干的木芯是用5mm生长锥在胸高部位钻取的，木芯以钻过树干的一半为准。木芯钻取后立即放入适当的塑料吸管中封闭两端待用，采样完成后所有木芯迅速整齐地用双面胶带粘贴在画板上，随后持续拍摄热红外图像直到拍得清晰的图像为止。

结果表明，即将枯萎的植株树干生长锥口之指温差因输水能力降低而明显偏低，而正常茂盛生长的植株则因生长锥口蒸腾蒸发消耗大量潜热而指（或者树皮）温差较高（图57a）。也就是说，持续的冻旱灾害不仅使女贞叶片局部焦枯，而且影响其树干的水分输送能力和能量平衡。若用生长锥钻取木芯，其热像从外向内的微分单元之热温变化趋势各不相同。枯萎植株和叶片浓密的植株因含水量差异较大而分立坐标轴的上下两端，且斜率较小。而重新萌叶的植株位于中间，且斜率相对较大（图57b）。这意味着女贞植株在极端冬旱等环境胁迫下，输导系统从内向外栓塞，直至整株枯萎。

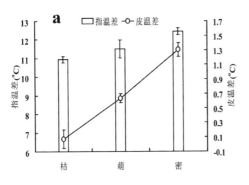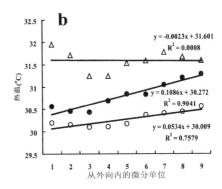

图57 持续冬旱灾害之后女贞不同受害植株间树干生长锥口指温差和皮温差（树皮温—锥口温）的测定结果；a. 干枯植株（枯）、落叶后从重新萌生新叶（萌）植株和未落叶的（密）植株之指温差和皮温差的对比；b. 干枯植株（△）、落叶后从新萌生新叶（●）植株和未落叶的（○）植株之木芯从外向内微分单元的热温。

3.2.2　女贞冬旱灾害与气象环境的关系

　　气象大数据的解析是研究女贞等木本植物的冬旱灾害的重要途径。相关的气象数据来自于中国气象数据网，其中包括山东省107个气象站点2017年7月到2018年1月的分时气象数据。研究表明，2018年1月山东省大部地区气温比往年偏低，省会济南也持续地低温（图58a）。尽管如此，许多常绿树种并未发现明显的受害症状，如广玉兰、冬青卫矛、扶芳藤、小叶黄杨和石楠。然而秋季贪青徒长的女贞则发生叶尖叶缘的焦枯症状，尤其是那些栽培在山区、浅山区的植株。据观测，自2010年以来，在济南一月相对低温的年份女贞时常有叶尖叶缘焦枯或者落叶的发生，其中较为典型的如2010、2011、2013和2016年（图58a）。除此之外，女贞对于初冬寒潮袭击时的大幅降温也较为敏感。这些年来济南之所以在2010、2013、2016年女贞受害较严重，与前一年11月的大幅寒潮降温有关（图58b）。这三年的一月平均气温与前一年11月平均气温之和也是这些年来最低的三个年份（图58c）。

　　然而，即使是女贞大范围全部落叶的2010和2011年，在一些立地条件优越、背风向阳的局部地块栽培的未受害或受害较轻的植株依然可见。也就是说，女贞因立地或个体的不同而发生较大的分化。即使在1月份平均气温（图58a）以及前一年11月平均气温（图58b）并不算低的2017年依然可以看到受害甚至树叶全部脱落的植株。究其原因，树木受害与否不仅与气温的绝对高低有关，而且受制于立地条件和不同植株的抗性能力。在一些年份由于夏末秋初气温和降水条件（图58b）有利于其生长，使得其枝叶繁茂以至于在寒冬来临时尚未充分木质化，从而对低温敏感。2017年春季气温相对较高（极端最低气温不低于−5℃）的山东省日照市在干旱瘠薄山地地区同样有顶梢落叶的女贞植株。

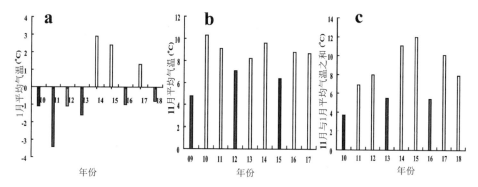

图58 济南市2009-2018年一些重要的气象数据图；a. 2010-2018年1月份平均气温；b. 2009-2017年11月平均气温；c. 2010-2018年期间每年1月平均气温与前一年11月平均气温之和。

除此之外，在省内调研中甚至发现在同一山坡的下坡位，只不过相距几十或上百米的距离，女贞受害存在巨大的差异。从树冠浓密且浓绿到树冠稀疏甚至几乎全部落叶。显然，女贞对冬季的干旱和土壤水分条件较为敏感。

3.2.3 山东省女贞受害的地统计解析

为了验证以上分析中干旱环境对女贞受害的影响，并且能够反映2017年雨季到2018年1月底的降水特征我们构建了山东省各地、市、区的$Q*U$气象指数，该指数的定义和计算按公式 2 进行：

$$Q*U_i = Q_i \times (T_i / N_i) \tag{2}$$

式中：$Q*U_i$为第i个气象站点的$Q*U$指数，Q_i为第i个站点2017年7月到2018年1月降水总量，T_i为第i个站点2017年10月到2018年1月的旱季降水量，而N_i为第i个站点2017年7月到9月的雨季降水量。

该指数的实际意义在于旱季（2017年10月到2018年1月）降水越多、雨季（2017年7–9月）降水越少则该指数值越大；而旱季降水量少、雨季降水量多则该指数值就小。此外，从2017年7月到2018年1月累计降水量越大则该系数也增大，反之则减小。

经过对山东省女贞栽培较多的39个县、市、区典型调研结果发现，从全省整体上难以寻求IAIA值与$Q*U$指数之间存在显著的相关关系（图59d，R^2=0.1638，n=39）。然而若将$Q*U$指数大于35的地点排除在外，在其余调查地点范围内（n=27），IAIA值与$Q*U$指数之间呈极显著的反函数相关关系（图59a）（R^2=0.483）。也就是说，$Q*U$指数越小的地方其受害内角IAIA越大，受害越严重。而$Q*U$指数大于35的地点包括南部2017年雨季降水量极大的枣庄、单县、台儿庄、薛城、峄城、兰陵（$Q*U$在40–50之间）和北部旱季（秋冬）降水量较多的德州、滨州、东营（$Q*U$指数在37–93之间）、烟台以及济南北部的商河。也就是说，除了2017年夏季多雨而秋冬直至2018年春季严重干旱少雨的南部部分地区和夏季降水丰沛且秋冬季节未出现明显干旱的北部地区以外，其余地区适度的夏季干旱和秋冬降水有利于女贞抵御低温严寒的袭击。而持续的秋冬干旱和持续低温将加重受害的程度。

为了描述2018年1月份降温的程度分别构建了山东省各气象站点的积温指数和极温指数。其中，积温指数是1月平均积温和最高积温的总和，其定义和计算见公式3，

$$积温指数_k = 500 + \sum_{i=1}^{31}\sum_{j=0}^{23} x_{kij} + \sum_{i=1}^{31}\sum_{j=0}^{23} y_{kij} \tag{3}$$

其中，x_{kij}为第k个气象站点、第i日和第j时的平均气温，y_{kij}为第k个气象站点、第i日和第j时的最高气温。

而极温指数是1月最低气温与最高气温之和，其定义和计算见公式4，

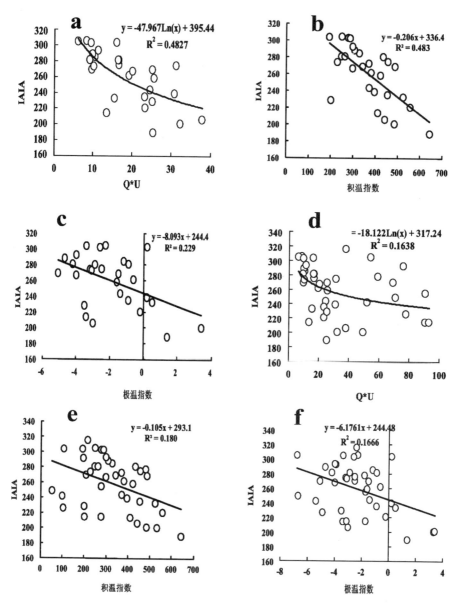

图59 IAIA值（度）和Q*U指数、积温指数、极温指数之间的相关性；a. 反映2017年雨季（7—9月）和秋冬季（2017年10月到2018年1月）降水特征的Q*U指数（Q*U≤37的调查地点）与IAIA值之间的相关关系；b. 积温指数（Q*U≤37的调查地点）与IAIA值之间的相关关系；c. 极温指数（Q*U≤37的调查地点）与IAIA值之间的相关关系；d. Q*U指数（全部39个调查地点）与IAIA值之间的相关关系；e. 积温指数（全部39个调查地点）与IAIA值之间的相关关系；f. 极温指数（全部39个调查地点）与IAIA值之间的相关关系。

$$极温指数_k = Min（x_k）+ Max（y_k）\tag{4}$$

其中，$Min（x_k）$为第 k 个气象站点1月最低气温，$Max（y_k）$为第 k 个气象站点1月最高气温。

对山东省2018年1月的积温指数的研究表明，在一定程度上它更能反映女贞受害与降温的关系。IAIA值与积温指数之间只有在典型地点范围内（$Q*U≤37$的调查地点，图59b）达到统计学极显著水平，而在全部调查地点（39个调查地点，图59e）未达到统计学上有意义的程度（$R^2=0.18$）。也就是说，在$Q*U≥37$的鲁北和鲁南局部地区，由于丰沛的雨季降水以及旱季降水较大而减缓低温的作用，从而降低了叶面积缩减的数量和程度。另一方面，极温指数与IAIA值（图59c，59f）之间的相关关系均未达到统计学上有意义的显著相关水平。这进一步证明了是持续的低温诱发的女贞受害，而一时的极端低温既使可以使女贞受害，但是也不明显。

也就是说，真正诱发女贞受害的是持续低温（积温）的作用，气温越低持续的时间越长则受害越重。在一定条件下，IAIA值与$Q*U$降水指数的显著相关性说明，低温影响了女贞植株的水分和能量代谢平衡，从而诱发伤害。也说明是低温和干旱通过影响植株内部水分和能量的代谢而起作用的。

表4 不同气象分区的气象指数和受害指数值对比表

	$Q*U$指数	极温指数	积温指数	IAIA（度）
A区	39.8	−0.6	496.1	242.7
B区	22.6	−1.4	455.5	244.6
C区	26.2	−2.4	342.4	250.4
D区	42.4	−3.4	197.6	280.9
D北	72.6	−4.2	155.9	255.7
D盐	46.0	−4.6	159.9	310.2
D南	10.9	−2.2	251.9	296.4

表4为不同气象分区的气象指数和受害指数值对比表。其中，A、B、C、

D分区是依据山东省107个县、区、市气象站的2018年1月平均积温、最低积温和最高积温、1月最高气温和最低气温、1月降水量、2017年7–9月降水量、10–12月降水量、10–12月降水量/（2017年7–12月降水量）、10–12月降水量/（2017年7–9月降水量）等参数值进行的聚类分析之结果（图60a）。而在D类又划分出盐碱土亚类（D盐）、北部2017年冬季降水丰沛的亚类（D北）和南部2017年底到2018年初冬季严重干旱的亚类（D南）。

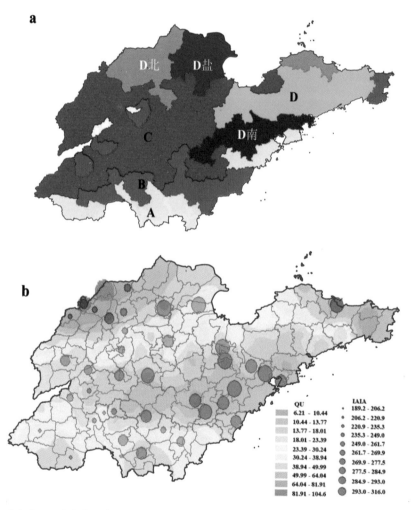

图60 山东省2018年气象要素和女贞受害的分布特征；a. 山东省2018年1月主要气象要素分类图；b. $Q*U$指数（底色）及IAIA值（绿色圆标）的分布图，其中的地统计分析方法见附录9。

研究结果表明，由于山东境内南北气候、土壤等立地因素的差异，不同地区女贞受害不一。冬季受害明显受气温高低的影响。尤其是南部（A、B）和北部（C、D）区域的差异。IAIA值呈现北高南低的趋势。这与我国冬季受季风寒流影响有关。

在北部的D区，气温相对较低，极温指数和积温指数最小，受寒潮影响更大，其IAIA值高于C区。但是，由于相对于雨季而言秋冬季节降水量偏高（$Q*U$指数较大），在北部盐碱地（D盐）和秋冬季节干旱地区（D南）以外的地区（D北），其IAIA值与C区相近。尽管D区南部（D南）气温比北部（D北）高，由于其秋冬最为干旱（$Q*U$在10左右），其IAIA值高于D北地域。显然，冬季女贞叶片受害不仅受制于极端的低温，而且在很大程度上受夏季降水和秋冬季节干旱的影响。这与上述的相关分析结果吻合。

表5　按$Q*U$指数分级统计的气象指数和受害指数值

	$Q*U$	极温指数	积温指数	IAIA(度)
南>37	54.2	–1.4	508.1	246.4
北>37	75.6	–4.0	162.5	245.6
17–37	24.9	–1.2	441.9	236.3
11–16	15.2	–2.5	361.9	282.6
<10	9.1	–3.2	282.5	291.4

表5是按$Q*U$指数从大到小分级后对气象指数和IAIA受害指数值的分类（并制作地理分布图，见图60b）统计，其中南>37为南部以枣庄市为中心的$Q*U$>37区域，北>37为以德州为核心的$Q*U$>37区域；17–37为$Q*U$指数分布在17–37范围的县、市、区；11–16为$Q*U$指数分布在11–16范围的县、市、区；<10是以沂沭河中上游为核心的$Q*U$指数≤10的区域。

显然，2017年夏季到2018年初，山东省$Q*U$指数较大（>37）的区域主要分布于北部和南部两大区域，尽管两地的极温指数和积温指数分立于最高和最低两端，但是南部$Q*U$指数较大（>37）区域的IAIA值还略微高于北部。显然，北部极高的$Q*U$指数意味着2017年雨季和秋冬季节降水充沛，没有夏季或冬季干旱的影响，所以降低了极端或持续低温的伤害。在$Q*U$指数最低的区域（$Q*U<10$），尽管其积温和极温指数不是最低，由于夏季降水充足且紧接着持续的秋冬干旱，其IAIA值值最高。在$Q*U$指数为11-16的区域，IAIA值位于次高范围也说明夏季降水多和紧接着的秋冬干旱不利于女贞抵御极端低温的伤害。在$Q*U$指数分布在17-37范围的县、市、区，由于夏季降水适中，也没有发生秋冬季节持续的干旱，其IAIA值最低。因此，冬季低温对女贞的伤害受制于树体水分和能量的综合平衡。而低温和干旱等外部环境因素是通过诱发体内水分和能量的失衡而起作用的。如上所说，在气候要素相似或相近的同一分区、同一县、市、区，甚至同一山岗因水土资源的再分配而差异较大。这种受害的分化到处都有，处处可见，更加说明环境因素只有诱发树木的水分和能量失衡才会使其产生保护性反应直至受害。

3.2.4　女贞冬旱灾害与极端气象事件的关联及其意义

女贞萌芽力强、枝叶生长旺盛，结子量大，冬季不耐严寒。易于发生蒸腾叶面积的缩减，主要表现为落叶或叶尖叶缘枯萎。在山东北部盐碱地区往往呈半常绿状态。2017年到2018年冬春季节持续低温干旱诱发山东大范围内女贞焦叶落叶。无论是应用数字和热红外图像解析法对山东省内女贞冬旱害进行的宏观调研，还是室内渗透胁迫试验症状分析，均表明低温和冬季干旱等外部极端环境往往通过作用于土壤—植物—大气连续体而造成伤害。主要的共性特征为末端水链的断裂和组织器官的脱离。

在饱和蔗糖溶液内的渗透胁迫试验中，在夏季室内干燥空气的蒸腾拉力和饱和蔗糖溶液的渗透胁迫双重作用力下，树液本身的内聚力不仅可以从下向上运输到末端，而且在逆向负压的作用下也可以从枝叶末端回缩下来。若超出极限范围时拉断水链，最终诱发末端组织的缩减。不仅如此，对女贞主干生长锥木芯的热红外检测发现，遭受冬旱灾害植株的输导系统有从内向外栓塞而输导功能也逐渐缩减的倾向。这与Canny的研究结果不谋而合

（Canny，1997）。局部水链的拉断降低了木质部的负压水平，缓解了对微管系统的压力，实现了木质部水分和能量的平衡（王斐等，2017）。叶片水分断链和焦枯之所以发生在叶脉纤细的末端，似乎与叶片细脉区输导系统结构简单、没有次生分生组织有关。叶片的最边缘区甚至只有少量的管胞和传递细胞（Fahn，1990），从而表现出叶尖叶缘的脆弱性。无论低温冻害、夏季干旱和渗透胁迫等均可以导致相似的"∧"形症状，为反向内聚力诱发远离中央叶脉的末端部位断链的假设提供了证据。在某种意义上从组织结构层面进一步充实了冻、旱灾害共通的理论（Itamoto，1958）。所以在低温和干旱（或雨涝）并发的年份和地区女贞植株受害严重，如干旱瘠薄山地、风口等等。在水热资源丰沛的泉湖地段受害较轻，济南趵突泉和大明湖就较为典型。

女贞冬旱受害的程度与树体抗逆能力之间存在明显的关联。夏秋季节贪青徒长的植株面临持续冬旱和低温严寒时往往因水分供需失衡、叶片在反复冻融过程中发生水链的断裂，甚至在严重的胁迫应力下被迫以焦尖或落叶的形式缩减蒸腾表面积。因此女贞冬季受害是其水分和能量失衡的系统性受害。通过气象指数的建立和分析，结果显示女贞枝叶受害不仅与冬季低温干旱有关，受夏、秋、冬气象灾害的链接影响更大，极端气象事件的急转（由极多到极少或者由极少到极多）往往会使女贞等常绿树种先扬后抑（或者先抑后扬）扰乱水分和能量代谢平衡、推迟或者终止树木进入休眠状态。经历枝叶速生徒长之后，对急转而来的持续低温或干旱更加敏感，以至于受害加重。生长季节适度的干旱有利于其抵御冬季低温严寒的袭扰（Wong et. al.，2009），也有利于抗性的增强（Jones，1983）。这或许是那些枝叶适度修剪的植株受害较轻甚至没有受害的原因所在，也是幼树受害较重的前提条件。在山东省范围内进行的IAIA值调研为其提供了有力的证据。调查显示，受害最重的地段不是极端气温和积温最低的地域，受害最轻的也不在极端气温和积温最高的地区。积温和干旱的协同作用是受害与否以及受害程度高低的关键。

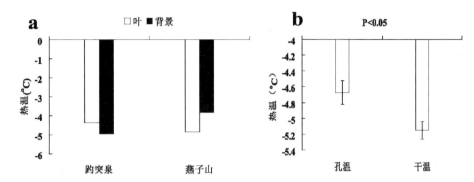

图61 低温寒潮期间树木和环境的热温观测结果；a. 趵突泉与燕子山叶温与背景温度（地温）的差异对比；b.石楠树干温度（干温）与生长锥钻孔口温度（孔温）的对比。

　　树木水分平衡与能量平衡之间存在一定的必然联系，伴随水分的输导发生能量的输送，冬季叶温往往高于周围物体的温度。土壤干旱、输水困难以及输导系统内水柱的中断等则使能量输送不足或终止，从而叶温低于周边背景的温度。干旱山地水分胁迫、叶温偏低更多的是由于承担能量输送的水分不足或水柱的断链（图61a）。这主要表现在冬季树干内、外热温的显著差异（图61b）。

　　与单纯的干旱胁迫相似，冬季伴随着气温的急剧降低许多树种的叶角逐渐增大。气温降低的程度不同，土壤冻结和树体输导能力受影响的程度不一，冬青卫矛叶片弯曲的程度也不同。2018年1月9日到14日的寒潮降温过程中，济南最低气温从9日到11日逐渐降低，直到-11℃以下，而后12日到14日回升（图62a）。对应的叶角大小呈现明显的逐渐增大而后又恢复的过程（图62b）。显然，这个过程是一个渐进的过程而不是一个随温度恢复而立即复原的过程，尽管叶角与温度系数（日平均、最高和最低温的合计值）之间存在明显的反函数相关性（图62c）。

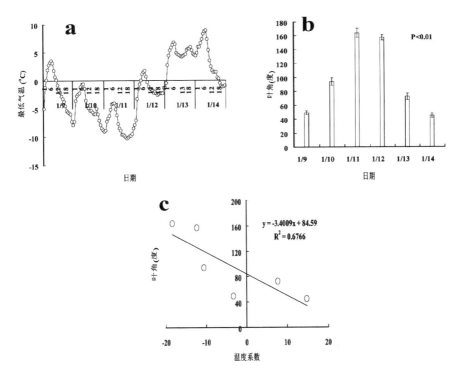

图62 低温寒潮袭击时冬青卫矛叶角的变化；a. 2018年1月9日到1月14日济南最低气温变化趋势；b. 1月9日到1月14日寒潮袭击期间冬青卫矛叶角的逐日变化；c.叶角与降温（温度系数）的关系。

相对于气温和背景温度而言，泉水冬暖夏凉，冬季水温明显高于湖水。通过水能输送，泉水对于树体维持能量的平衡起着至关重要的作用（图63a）。2017年底到2018年初的寒冬季节持续的低温寒潮导致女贞明显的叶尖叶缘焦枯症状的发生。

更加有说服力的证据在于，尽管2017-2018冬季在济南周边冬青卫矛叶片未呈现普遍的焦尖受害特征，然而在2018年春夏之交的4-5月，气温转暖、蒸腾蒸发量剧增的季节，众多冬青卫矛植株的新老叶片开始感染白粉病，尤其是干旱瘠薄山地环境中冬季叶温偏低的植株。

在水温较高的趵突泉群周边，不仅冬季冬青卫矛没有叶尖叶缘焦枯症状的发生，而且直至2018年5月感染白粉病叶片也难得一见。而相邻的五龙潭因冬季潭水温度稍低，周边栽植的冬青卫矛和扶芳藤植株时而可以看到白粉病

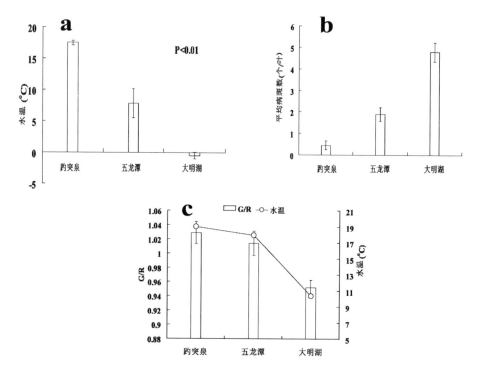

图63 低温寒潮袭击时不同立地环境中水温的差异及其对冬青卫矛的影响；a. 低温寒潮期间趵突泉、五龙潭和大明湖水温的比较；b. 春夏之交趵突泉、五龙潭和大明湖冬青卫矛白粉病的发病比较；c. 2015年11月早霜危害下冬青卫矛因叶尖叶缘焦枯而失绿褪色的差异。

感染的叶片（感病叶片每叶平均病斑1.7个）。而与趵突泉相距1公里左右的大明湖附近，因冬季水温明显偏低（0℃-1℃左右），其周边栽培的冬青卫矛植株呈现明显的白粉病感染叶片（感病叶片平均每叶3.3个病斑）（图63b）。此外，白粉病发病的另一突出特点在于地点和个体间的重大差异。尤其是栽培在地势稍高、易于遭受干旱袭扰而且庇荫的植株或叶片。相比之下，在远离泉湖平地的街路上，感染白粉病的冬青卫矛较为普遍。然而，在泉水增温效应的影响下，趵突泉、五龙潭和大明湖之间受害程度明显地因水温的降低而呈加重的趋势（图63c）。

因此，具有极高比热值的水分，在冬季对树体能量维稳起着至关重要的作用。冬暖夏凉的泉水效果更佳，突出表现为叶角变化小（图64a）。在趵突泉周边生长的树木生长茂盛，且很少遭受冬旱和病害的袭扰（图64b）。年复一年，其周边栽培的冬青卫矛呈小乔木状。

白粉病菌感染冬青卫矛不仅受外部水分条件的影响，而且就同一冬青卫矛叶片而言，因距主脉基部输导系统核心部位的远近而呈现显著的差异。白粉病叶斑距离叶尖的平均距离更近（图64d）。也就是说，在叶片主脉粗壮的叶基部位对白粉病的侵染具有较强的抗性。其原因在于这一部位具有较强的维持水分和能量平衡的能力。

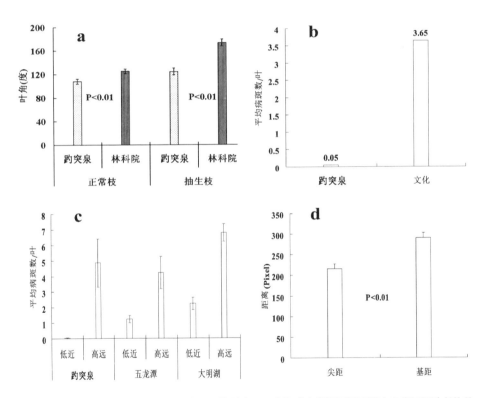

图64　寒潮低温对冬青卫矛叶片的直接和间接影响；a. 寒潮袭击期间不同环境中冬青卫矛叶角的差异；b. 春夏之交济南趵突泉周边（趵突泉）和文化东路（文化）冬青卫矛平均每叶白粉病的病斑数；c.冬季距离不同温度的泉或湖水面远而地势高（高远）和近而地势低（低近）的不同的冬青卫矛叶片平均每叶白粉病病斑数；d.冬青卫矛叶片的白粉病病斑中心到叶尖（尖距）和叶基中央叶脉部位（基距）的距离。

显然，在2017年末到2018年初的严冬季节冬青卫矛等树种虽然早期没有受害症状的表现，但是其活力已经受到影响。冬季因水分失衡而诱发的能量失衡对冬青卫矛抗病能力的影响更加突出。距离水面越远、地势较高、水分和能量易于失衡的植株平均每叶的白粉病病斑数也更多（图64c）。显然，水分亏缺以及由其引发的能量输送能力的降低使得冬青卫矛易于感染白粉病。2019年春夏之交在山东全省范围内发生更大范围的白粉病爆发是否是这些事件的延续尚不得而知。需要更加深入细致的研究。

　　植物病害的发生往往存在一些诱因，环境因素就是其中之一，包括极端气象事件诱发的病害（Horsfall and Cowling，1979）。这些因素也是诱发生理性非侵染病害（或灾害）的重要原因。非侵染性病害也经常成为许多侵染性病害的诱因。如冻、旱等灾害往往成为溃疡病、腐烂病、茎腐病甚至肿瘤病等等的诱因。白粉病是菌丝体在寄主体外靠吸器透过细胞膜吸收植物营养的途径营寄生生活的一类真菌。尽管该病属于寄生性病害，有迹象表明在寄主细胞膨压降低时有利于某些白粉病菌的入侵。因此，此类病原菌也常见于遭受其他环境胁迫后生命力衰退甚至濒临枯萎死亡的植物体或组织上，即呈现一定程度的弱寄生（王斐等，2017）特征。然而，对此进行的深入细致的研究报道并不多见。

　　低温冷冻对多年生木本植物最常见的伤害是细胞间隙结冰和原生质脱水（Daubenmire，1959）。叶片的卷曲（Wang et. al.，2013）以及类似于夏季干旱诱发的叶尖叶缘焦枯也是常见的表现形式（王斐等，2017）。2015年11月末经历寒潮降温的袭击之后，济南许多常绿树种呈现不同程度的受害症状。冬青卫矛也不例外，叶尖叶缘焦枯范围广、受害重。甚至很少呈现冻害的济南趵突泉周边也有受害冬青卫矛植株的出现。历史上曾有人认为低温可以诱发植物缺绿症（Daubenmire，1959）。或许低温寒潮在降低叶片对白粉病的抗病能力的同时也加重了其发病。

3.3 柑橘等果树冻害与气象灾害链的关联

外界环境总是通过影响植物内部的代谢而起作用的。有证据表明低温对植物的某些伤害与减少吸水引起的水分亏缺有关。低温减少水分吸收的原因在于：增加水的黏滞性、降低土壤水分的有效性、减少根系的透性、降低新陈代谢能力、减缓根系的生长。因此，很有必要研究植物冷害的水分关系。首先要搞清在多大程度上是低温直接引起的冷害、多大程度上来自于水分吸收的减少和气孔关闭而造成的水分亏缺。如下关于柑橘等果树冻害等与气象灾害链的深入研究就是在这方面的探索之一。

3.3.1 暑热天气降水多寡诱发的银杏等果树结果量的差异

夏季极端气象事件，尤其是在7月的三伏天降雨过多或者严重伏旱将对树木尤其是外来树种产生难以预料的影响。据记载，银杏树适宜生长于降水量600-1500mm、且冬春温凉湿润、夏季温暖多雨的环境中。相关研究表明，在地处暖温带的济南，在易于遭受干旱影响的山前平地上栽培的银杏母树，其结果量与上年夏季7月降雨量有密切关系。降水极其丰盛的年份翌年往往结果量大，过量的结果则是母树叶片夏季焦尖、缩减蒸腾表面积的诱发因素（王斐等，2017）。2013年7月384.3mm的超强降水使得济南周边银杏母树翌年（2014年）大量结实（图65）的同时，2014年7月降水偏少和夏季的干旱少雨使得该株银杏2015年度的结果量微不足道；2015年没有过量结果负担的该银杏母树因树体没有出现严重的水分和能量失衡仅仅呈现局部叶尖叶缘的变黄，而没有叶尖叶缘焦枯症的发生。

对该株银杏母树的持续性生物气象学观察表明，2016年济南944.9mm的年降水量和774.3mm的6-8降水量，为该银杏树提供了优越的夏季生长和花芽形成的条件（图65）。经历两年少果或无果之后2017年8月该株母树结果量成倍增加直到树枝压弯，而且再一次发生严重的叶尖叶缘焦枯和蒸腾表面积缩减。不仅如此，周边平时不怎么结果的众多银杏街路树该年也结出丰盛的果实。在2017年雨季降水量偏少的前提下，该株银杏树2018年一粒果实也没结。尽管2018年雨季的降水量不如2016年那么多，817mm的超常年降水量使得2019年该株银杏树又获丰收，浓密的白果挂满枝头，即使看上去不如2017年结果量更大。大量的事实和反复的验证表明，干旱和半干旱地区的雨季降水极端事件对银杏树的生长和发育具有显著的影响。这为我们通过指温差指数法在夏季检测或预测树木的生长或发育奠定了坚实的实证基础。而且在一定意义上对研究栽培于亚热带地区的柑橘树也有一定的借鉴意义。

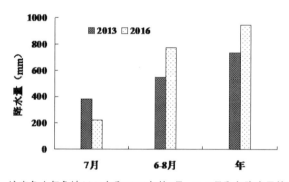

图65　济南龟山气象站2013年和2016年的7月、6-8月和年降水量的对比。

经过长期的探索人们对柑橘生产及其气象灾害已经有了较为深刻的认识。据报道（黄寿波，1994），柑橘树木生长发育需要适宜的环境条件，其中水分和热量最为重要。20℃-25℃是柑橘果实膨大的最适温度范围。柑橘树生理活动受限的最高气温为37℃，气温超过37℃时其生理活动受抑制，枝叶、果实和根系趋于停止生长。依据有关专业人员的研究，在柑橘果实膨大期需水量相当大，每月约需120-170mm的雨水，在我国江南地区6月到10月共需770mm多的降水。在我国广大柑橘产区6-10月份极端最高气温大多超过37℃，个别地区达40℃。因此，降雨量月际和年际变化大，分配不均匀，成为限制柑橘生产的重要因素。

气候冷暖、干湿的变化对我国亚热带地区柑橘的品质及产量影响极大。周期性冻害可毁灭一些桔树园，在我国气象记载史上曾发生数次重大的柑橘冻害事件（张养才等，1994）。此外，我国柑橘产区伏旱和严重伏旱的频率一般在30%−45%以上；发生时间正是柑橘生长需水量最大的时期。无论是周期性冻害或是伏旱，始终威胁着亚热带地区柑橘产业的布局、栽培面积、产量和品质。有关研究表明，日最低气温小于等于0℃的负积温、小于等于−90℃的负积温和小于等于−8℃的极端最低气温为柑橘严重减产的关键低温指标，而7−8月份降水量小于200mm是引起柑橘树大量落果和影响果实膨大的关键水分条件。而且气象灾害链接等复杂的作用关系仍是目前需要深入研究的问题。

3.3.2 柑橘冻害与夏季旱灾的链接

气候的波动变化使柑橘产量和栽培面积明显受到制约。据记载（江爱良，1981），从1950年到2010年的60年间我国亚热带地区柑橘遭受过5次大范围的严重冻害，即1955、1969、1977、1992和2008年的冻害事件。其中1976−1977年的冻害事件，涉及长江中下游的湖北、湖南、江西、浙江、江苏、安徽和上海等省、市。在此期间未受冻的成年柑橘树只占总桔树的27.7%，柑橘树枯萎率6.3%，冻后仍然结果的占53%。湖南省在1955、1969和1977年三次冻害事件中，全省柑橘产量分别减少至常年的49.0%、63.3%和29.4%。1991−1992年越冬期，北方强冷空气南下，强烈地降温使亚热带地区柑橘受冻面积达71.2%，减产在50%以上。除气温变化因素外，速生期的水分条件也是一个十分重要的生态因子，1978年夏秋干旱高温，长江中下游地区柑橘座果率明显降低，柑橘产量为正常年份（1976年）的59.8%；1979年宁波地区伏旱严重，温州蜜柑以及抗旱能力差的桔树平均果重明显减轻了29%左右。多年的柑橘栽培和研究的经验可知（江爱良，1981），气候冷暖、干湿变化是影响我国亚热带地区柑橘产量和种植面积的重要环境因素。长期（10-15天或更久）阴天、日平均气温处于−2.0 ~ −5.0℃，其中至少有一日的最低气温降至−7℃

左右，连耐寒的柑橘品种也可能遭受严重的冻害。这种阴冷型冻害天气发生时往往会出现雨凇或雾凇，这时整株树封闭在冰壳之中，如果持续10或15天以上，不论气温高低，将严重危害树体。

1969年1月发生的全国大范围冻害事件（温克刚，丁一汇等，2008）中记载，湖北广济、阳新、郧县、均县等地的柑橘遭到中度和重度冻害，宜昌市的柑橘树基本冻死。湖南省吉首、桑植、常德、岳阳、怀化、长沙、宁乡、邵阳、娄底、郴州等市柚子、柑橘部分冻死，全省柑橘减产2000-2500万kg。其中，1968-1969年冬季湖南衡东县草市出现长期雨凇天气，这一冬最低气温并不算很低（最低气温为-5.5℃），但柑橘树（该地以甜橙、广柑为主）遭到严重的冻害，减产95%以上。长期雨凇天气必定和长期阴冷结合在一起，否则雨凇很快消溶掉。

然而，笔者经过对柑橘灾区气象数据的缜密分析，结果表明低温和夏季干旱不仅各自单独影响我国热带和亚热带柑橘的生产，而且二者甚至与更多的极端气象要素的作用和协同成为柑橘重大灾害的根源。就湖南衡东而言，1969年96%柑橘树受灾的事实，不仅起因于尚未达到-7℃临界值的低温气象环境（图66b），而且受制于持续的雨凇冷冻胁迫。除此之外，人们似乎忽略

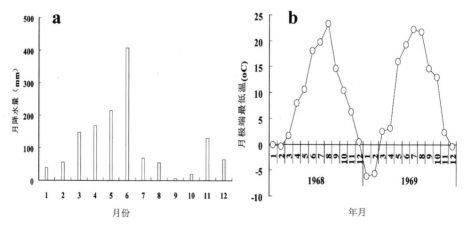

图66　湖南衡阳气象观测站1968-1969年柑橘受害期间的降水和最低气温值；a. 1968年各月降水量；b. 1968-1969年各月极端最低气温值。

了另外一个至关重要且不易引起注意的因素是前一年（1968年）暑期的气象条件。

1968年在冬季低温严寒来袭之前，长江中下游沿岸地区发生严重的伏旱，7–8月份衡阳周边降雨量为122.8mm，且7–10月份的降雨量是149.4mm（图66a）。远低于前述暑期7–8月的200mm柑橘生长最低临界降水量。这势必影响当地柑橘树的生长状态，在很大程度上会推迟柑橘的生育周期。11月130.4mm超过常年100%的降水量在一定程度上弥补了前期水分的不足，进而使得柑橘植株在气温剧降之前恢复生长。在第2.7.3章节曾论述过叶片局部滞绿源于对伏旱的抗性反应。类似的抗性反应显然趋于推迟树体进入"休眠状态"而贪青徒长，并且易于引发水分和能量的失衡，进而增加了对低温的敏感性。一些年份之所以在未达到低温受害临界值之前受害，或许正是此类的灾害链接极大地扩大了受灾的范围，并增加了受灾的程度。

1976年12月下旬到1977年2月中旬出现的冬季全国性严寒天气事件（温克刚，丁一汇等，2008）中记载，安徽、湖南、湖北80%-90%的柑橘树被冻坏。而1977年某柑橘研究单位在灾后进行的全国性冻害调查（冻害调查组，1978）表明，湖北省中部、西部、西南及西北部冻害最重，受灾范围与历次大范围严重冻害相反。在湖北省柑橘主产区的西部宜昌地区，冻害发生面积达98%，减产80%左右。地处长江三峡峡谷内的秭归县，作为全省甜橙生产基地，向来以无冻害著称，1977年也未能幸免。事实上，与上述湖南衡东县1969年发生的受害类同，秭归县是1976年7–8月份伏旱极为严重的地区。1976年8月份湖北全境干旱少雨、西部则更少（图67b），而7月份恰恰是在冻害严重的湖北省西部柑橘主产区降水稀少（图67a）。除此之外，湖北、湖南、江西、浙江和江苏等省内柑橘严重受灾地区大多分布在1976年8月严重伏旱期间降雨量<80mm的地理范围之内（图67b）。

该调查组还发现一种特异现象，冻害发生前刚定植的幼苗受冻很轻或者完全无冻害（冻害调查组，1978）。其特殊之处在于一般年份幼苗、幼树冻害比成年大树更加严重，尤其是新植的幼苗。因为刚定植的幼苗没有经受

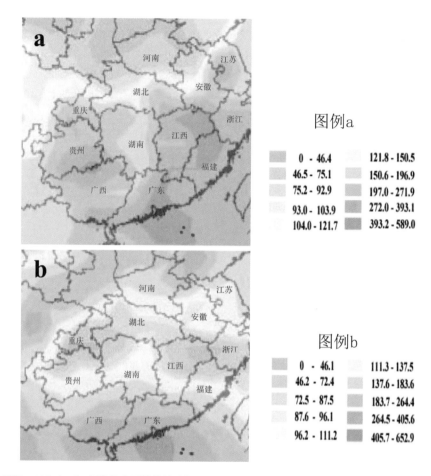

图67　1976年7和8月的降水量地统计分析图；a. 7月降水量（mm）；b. 8月降水量（mm）。

1976年伏旱等灾害链的影响，与往年冻害的情形不一则不足为奇。此现象也进一步说明伏旱为此次严重冻害的始作俑者。其机理如前所述，干旱拖延了生长周期，诱发晚秋橘树的贪青徒长，使之易于发生水分和能量的失衡，增加树体对低温的敏感性，从而在尚未出现临界低温的前提下发生非常严重的冻害。

另外，这次冻害发生范围广，无论是老区、新区，也不分成年树、幼年树和苗木，所造成的损失都很严重。尽管如此，在上述重灾区里仍然有果园未受冻害、冻害较轻甚至个别增产。除了果园管理水平较高、防冻措施及时恰当以及园地选择合适之外，其中一些滨湖、滨江的果园冻害较轻或无冻害。如长江沿岸的湖北秭归龙江果园，湖南洞庭湖滨的沅江县若干果园等等（冻害调查组，1978）。此类事例则进一步说明此次"冻害"是上一年伏旱引发的，因为滨江、滨湖的柑橘林地有湖水作为抵御干旱的保障，伏旱的影响较小，因此也抗冻。

据悉，1976-1977年冬旱灾害期间，除湖北、湖南、江西、浙江和江苏外，河南、安徽受冻更重，陕西、贵州、广西北部的某些产区也发生程度不同的冻害（冻害调查组，1978）。从图67不难发现，河南和安徽也是1976年夏季7-8月干旱的严重受灾省份。除此之外，两地6月份干旱更加严重。其实，1976年6-8月的干旱过程还涉及陕西、贵州、广西的部分地区。一般情况下，此类未达到所谓低温临界值而遭受"冻害"的事件，往往被归结为低温持续时间长、且有冻雨的协同作用（江爱良等，1983）。

据报道，2008年湖南省柑橘冻害的明显特征是持续时间长、危害范围广，零度以下低温持续长达23天，绝对低温尚未达到公认的柑橘致死临界值，而且降温速度和升温速度较慢（谢深喜，2008）。湖南省32.7万公顷柑橘均遭受不同程度的冻害，而且南部受害重、北部受害轻。由于冰雪的重压造成了柑橘树体严重的机械损伤。幼树和露地苗木受冻严重，不同品种苗木受冻害程度有明显的差异。相比之下，2008年位于亚热带北部、我国柑橘生产北缘的陕西城固县1月中下旬至2月初，0℃以下低温雨雪冰冻天气同样也持续20多天，1月28日，极端低温达到-7.2℃。持续的低温造成柑橘遭受不同程度的冻害。据调查（付景华等，2009），截止2008年3月底，城固县柑橘受害面积占总面积的38.6%，其中，1~2级受害面积的占77.2%、3级受害面积占16.3%和4级受害面积占6.55%。

2008年1-2月我国大范围柑橘严重冰雪灾害后，全国柑橘等果树受灾面积126.2万公顷，其中成灾67.73万公顷，绝收58.47万公顷，分别占受灾面积的53.7%和46.3%（付景华等，2009）。相比之下，陕西城固县在2008年特大冰冻灾害期间，桔树冻害损失较小。城固县2008年仅有0.41万hm²桔园受冻，其中2级以上成灾面积0.19万hm²，绝收面积0.027万hm²，分别占受灾面积的46.5%和6.5%（付景华等，2009）。尽管陕南栽培的柑橘品种与江南地区不尽相同，同样不可忽视的一个因素也是2007和2008年夏季的7-8月份陕南并未出现明显的伏旱天气（图68a，68b）。而江南的江西、湖南、福建、广东和广西的部分地区出现了严重的伏旱事件。

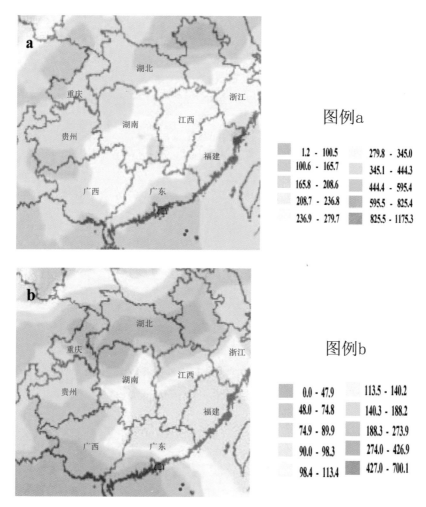

图例a

	1.2 - 100.5		279.8 - 345.0
	100.6 - 165.7		345.1 - 444.3
	165.8 - 208.6		444.4 - 595.4
	208.7 - 236.8		595.5 - 825.4
	236.9 - 279.7		825.5 - 1175.3

图例b

	0.0 - 47.9		113.5 - 140.2
	48.0 - 74.8		140.3 - 188.2
	74.9 - 89.9		188.3 - 273.9
	90.0 - 98.3		274.0 - 426.9
	98.4 - 113.4		427.0 - 700.1

图68　2007年7-8月和2007年8月的降水量地统计分析图；a. 2007年7-8月降水量（mm）分布；b. 2008年8月降水量（mm）分布。

2008年在大量栽培不耐冻的晚熟柑橘品种的广西桂林同样遭受了较为严重的"冻害"，受害面积6.44万公顷（赵小龙等，2008）。其实，在桂林2008年1月的极端最低气温只不过零下1.6℃（图69b）。远远高于所谓的冻害发生临界值的-7℃。若查看2007年夏季降水过程，不难发现该年度桂林出现严重的伏旱。7月降雨量是常年的54%，8月降水量是常年的43%，尽管9月降水量与常年持平，10月几乎无降雨，而11月降雨量是常年的15%。到了12月树木即将进入最不活跃的休眠期时，降雨量反而是常年的153%（图69a）。如前所述，在经历严峻的干旱胁迫后易于产生明显的抗性反应从而抑制休眠。这时的降水显然不利于柑橘等果树的抗寒锻炼。结果使桂林在刚到零下的低温环境中遭受严重的低温伤害。这与其说是冻害，倒不如说是夏旱和冬旱的协同作用。

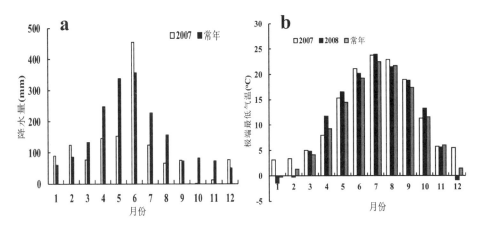

图69 广西桂林2007年和2008年降水量和极端最低气温的年内分布；a. 2007年各月降水量的分布图；b. 2007-2008年极端最低气温分布图。常年为1951-2011年60年的平均值。

此类低温"冻害"往往伴随着冻雨的发生，树体外挂一层薄冰。有人认为此类胁迫的长时间持续导致柑橘严重冻害的发生。曾有人做过相关的木桶培植柑橘幼苗雨淞冻害试验，试验将木桶置于不同低温环境的雨淞冷冻室内，得到了预期的冻害结果（江爱良等，1983）。由于置入雨淞冷冻室的木桶有冻透的可能，这在亚热带柑橘栽培区大田自然环境中是否会出现尚存在很大的疑问。

著名的生态学家道本迈尔曾经这样论断"当一种植物被迫生存在一个非天然的环境中时，就不能期望它对于个别因子的变化表现出正常的反应。所以，实验室中所得的结果，必须十分小心地应用于生长在田野中的植物。在温室中所观察到的植物反应可能与田野中的结果相反。如果这只是理论生理学上的一个问题，那么人为的环境也是可以满足的；如果把这些资料用于应用生态学，人为的环境可能产生十分误导的结果。在生态学的实验中，愈能接近自然条件，那么实验的结果也就更为有用……当植物生长在小容器中的时候，其根系紧密拥挤在一起，而且大部分吸收根常局限在紧贴容器的部位。因此，未遮阴的容器易于过热而导致细根的干枯死亡。至少它们处于野外自然条件完全不同的温度环境中"。此外，有关冻雨对树木和农作物的危害，认识并不统一。也有人（基于结冰减少蒸腾耗水）认为雨淞对作物是有利的（江爱良等，1982）。

单从我国冻雨的发生范围和严重程度而言，贵州是冻雨发生面积大、严重程度最大的省份。从我国冻雨主要影响区域和频次图来看，冻雨发生最多的省份是贵州，其次是湖南和湖北，还涉及江西、河南等省份（图70）。依

图70　我国冻雨主要影响区域和频次。（来自中国气象数据网）

据持续的雨凇胁迫致灾的理论，推论出贵州也应该是我国柑橘冻害严重的省份。但是，张养才等（1991）依据-5，-7，-9，-11℃低温出现的频率为主导指标，以连续2天以上的-5，-7，-9低温平均出现次数为辅助指标进行叠加分类，贵州被划为柑橘冻害轻或无冻害的区域。事实上，我国发生的重大柑橘树冻害事件中也很少涉及贵州省。

历史上，在湖南等柑橘常遭受严重冻害的省份，一些发生严重雨凇等冰冻天气的年份，尽管造成交通、供电、电讯的中断，农作物、蔬菜、林木的严重破坏和家畜的冻害，但是并没有关于柑橘树受害的记载和报道。以湖南为例，若将年平均雨凇日数7天或者7天以上定义为严重冰冻年，从1951年到2010年60年间湖南严重雨凇灾害共发生11次，分别是1954/1955、1955/1956、1956/1957、1963/1964、1968/1969、1971/1972、1973/1974、1976/1977、1983/1984、2004/2005、2007/2008年度。其中，造成严重柑橘树冻害的年份是1955、1969、1977和2008年（廖玉芳等，2011）。如前所述，这些柑橘树木严重冻害事件均发生在极端的气象事件之后，尤其是严重的夏季伏旱。最典型的非雨凇严重冻害事件发生在1991年底和1992年年初。按照年平均雨凇日数7天或者7天以上的标准，1991/1992年度湖南省并没有严重的雨凇冰冻灾害。然而，1991年湖南省发生了严重的夏旱和秋旱事件。全省气象干旱日数平均为100.8天，全省农作物受旱面积100.7万hm^2，成灾面积44.7万hm^2，因灾减产11.0亿kg。造成直接经济损失13.5亿元（廖玉芳等，2011b）。据湖南邵阳有关研究报道，尽管1991年寒潮降温比1977年冻害发生时的最低气温还高，但冻害严重程度远超过1977年。1977年最重的桔园减产20%左右，而1991年邵阳市大部分地区的柑橘减产80%以上。其原因除寒潮降温、雪后霜之外，1991年低温冻害发生期间的空气湿度较低，增强了叶片的蒸腾作用，再加上低温阻碍根系吸水，使枝叶高度脱水，降低了抗旱性（张正梁等，1993）。

在邻近的湖北省陈正洪等在分析地域异质性的基础上，调查表明与1977年滨湖、滨江的果园冻害较轻或无冻害的事实相似1991年大水体保护下的柑橘受害较轻。如三峡河谷、丹江及水库周边。在安徽省，受新安江水库、花凉亭水库、巢湖等巨大水体的影响，其周边的桔园受害较轻。相对于没有水体影响的桔园可减轻冻害1-2级（张凤琪等，1993）。

在1991年7-8月持续干旱的江西省，受灾面积占栽培面积的77%，1992年柑橘产量比1991年减少74%。受害最重的赣北地区死亡率达80%（卢冬梅，2001）。在福建省柑橘受害最严重的地区主要分布在相对干旱的西部龙岩、三明和南平地区（曾文献等，1993）。在浙江省，1992年比1991年柑橘减产30%（何天富等，1992；沈兆敏，1993）。而1952-2011年60年间持续时间最长的十次干旱中1991年也排在第3位（樊高峰，2011）。

更能说明问题的是，全国有柑橘生产的17个省、市、自治区中，1992年柑橘产量减产程度（1992年产量/1991年产量）与1991年夏季7-8月、6-8月平均降水量以及1991年12月最低气温之间相关性都很小，相应的相关系数分别是$R^2=0.0032$、$R^2=0.01$和$R^2=0.189$。主要原因在于一些柑橘生产的边缘省、市在特殊小环境的影响下偏离整体的变化趋势。另一方面，1991年长江下游和淮河流域降水尤为过剩。5月中旬到7月上旬，皖、苏、鄂、豫、湘、浙、黔等省发生特大洪涝灾害。一般降雨量500-700mm，部分地区降雨量700-1000mm。据不完全统计，受梅雨期间暴雨洪水影响，皖、苏、鄂、豫、湘、浙、沪及黔等省、市受灾人口达1亿人以上，受灾农作物2.3亿亩，绝收3600多万亩。在排除了降水量过多的安徽、江苏、湖北、上海和广西5个省、自治区（图71d）以及降水量最少且仅在小气候较优越的局部地块栽培柑橘的甘肃省以外，其余11个主产柑橘的省、市、自治区6-8月降水量与1992/1991年柑橘产量（何天富等，1992；沈兆敏，1993）比之间存在显著的正相关关系，$R^2=0.5817$（图71a）。其生物学意义在于1992年柑橘产量随1991年夏季6-8月（或7-8月$R^2=0.56$，图71b）降水量的减少而降低。在排除了安徽、江苏、湖北、上海、广西和甘肃等省、市、自治区以后，1991年12月的最低气温与1992/1991年柑橘产量比之间呈现更加紧密的正相关关系（图71c，$R^2=0.89$）。也就是说，1991年低温冻害对柑橘生产的影响，伴随着1991年夏、秋季节性干旱的协同作用，夏、秋干旱在很大程度上加重了柑橘受害的程度。主要表现在结果多的橘树受害重、干旱未解除的桔园受害重（刘联友，1992）。

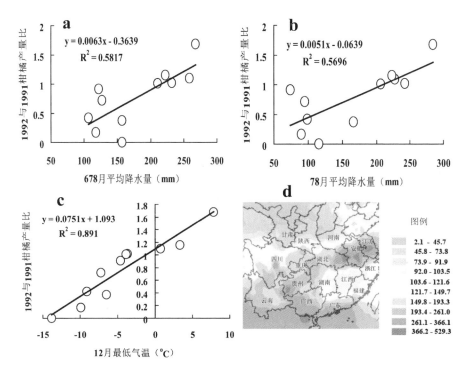

图71　柑橘低温冻害与夏季极端降水事件的相关性；a. 1991年夏季6-8月平均降水量与柑橘主产区（广东、四川、湖南、江西、浙江、福建、贵州、云南、海南、河南、陕西）1992/1991年柑橘产量比值之间的相关关系；b. 1991年夏季7-8月平均降水量与1992/1991年柑橘产量比值之间的相关关系；c. 1991年12月最低气温与1992/1991年柑橘产量比值之间的相关关系；d. 1991年夏季6-8月平均降水量（mm）地统计分析图，统计分析方法见附录9。

另一方面，在夏季雨量过多的极端环境中，柑橘栽培区雨热同季，树体生长旺盛、坐果量大、贪青徒长、枝叶冗余多，无形中也增加了果树的负担。若秋、冬季节降水量剧减，同样也会增加对低温伤害的敏感性，造成冬季大范围的严重"冻害"。1991年在全国大范围气候干旱的环境中，在淮河流域的安徽、江苏、湖北等地夏季的6-8月份降水量过多，其中安徽是其气象记载史上洪涝成灾面积最大的一年。过多的降水促进了柑橘的过度生长，反过来加重了秋、冬季极度的干旱环境胁迫的程度，因此，1992年柑橘减产程度更大。下一节将要阐述的湖南1954年夏季超强降水引发1955年严重冻害就是一个非常典型的事例。

3.3.3　柑橘冻害与夏季雨涝灾害的链接

1954年我国降雨带长期停滞在江淮流域，梅雨季节拖长至7月末和8月初。江淮流域降水异常偏多，尤其是伏旱时常发生的地区。一些观测站点7月份降水量是常年的5倍以上（图72a）。6-8月降水量一般在900mm左右，个

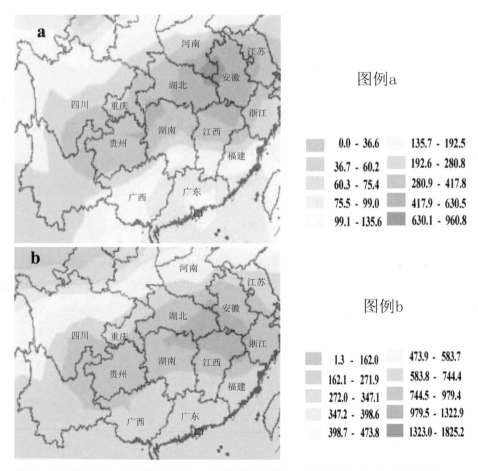

图72　1954年7月和6-8月份的降水量（mm）地统计分析图；a. 7月降水量；b. 6-8月降水量。

别观测站点达到1500mm以上（图72b）。在一些低洼地段出现严重的涝灾。再加上1954年12月和1955年1月的低温冷冻胁迫，大范围的柑橘树发生严重的"冻害"。

1955年湖南省柑橘严重减产，灾后产量仅是灾前产量的27%。此类极端气象环境，除降水偏多和极端低温以外，还有一个降水从多到少再到持续气象干旱的急转过程。如湖南常德1954年6-7月降水量967.7mm，6-8月降水量1058.4mm（图73a）。而后从9月到翌年2月，7个月的降雨量251.7mm。这种降水急转直下，使得生长过旺的植株发生生理干旱，再加上1955年1月湖南常德地区最低气温-7℃（图73b），导致柑橘树木严重受灾。

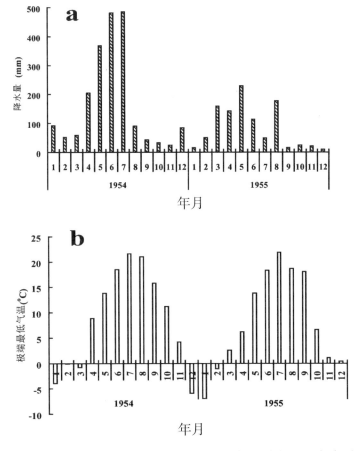

图73　湖南常德1954-1955年各月降水量和极端最低气温值；a. 降水量；b. 极端最低气温。

1999年底到2000年初我国再一次发生一次大范围的柑橘"冻害"。据报道，江西、湖南、湖北、浙江等省份以及广西北部，从1999年12月中下旬持续十几日的低温冷冻天气，诱发柑橘"冻害"的发生。广西壮族自治区的全州县受害面积率达74%。受害等级1–3级。幼树受害率50%，且危及主干。

1999年12月22–28日，湖南省普遍遭受连续1周的霜冻，连续3天早、晚气温低于–5℃，部分地区早、晚气温降至–7℃（图74a）。这次降温是1976年大冰冻后20多年来持续时间长、降温幅度大的一次霜冻气候。霜冻过后，湖南省50%以上的甜橙类柑橘受害等级达3–4级，少数达5级，温州蜜柑和椪柑等

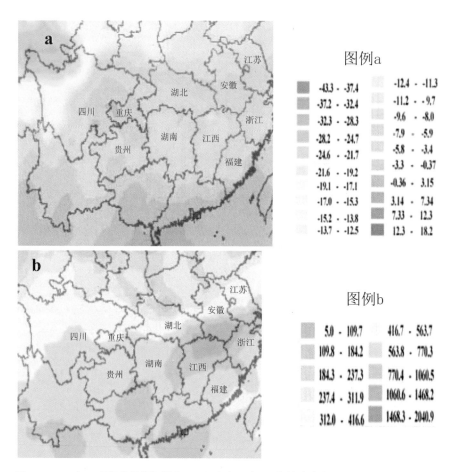

图74　1999年12月极端最低气温和6–8月降水量（mm）地统计分析图；a. 12月极端最低气温；b. 6–8月降水量。

宽皮柑橘受害达2-3级，绝大多数柑橘苗木的晚秋梢被冻死以至出现严重的整株枯萎。

1999年12月21-23日和1月25日，浙江省衢州和开化最低气温降至-6.6℃，地处沿海的黄岩、临海、宁海等地，最低气温也降至-7℃。据各地调查，浙江全省有9.3万公顷（93333.3公顷）桔园严重受害，受害面积占桔园总面积的70%左右。据衢州市有关部门调查，在受害桔园中，有60%以上的柑橘树的叶片大部分枯死，有15%的柑橘树叶片枯死的同时伴有2年生的枝条枯死或爆裂。

从全国12月极端最低气温分布图中可见（图74a），湖南12月最低温除东北局部的最低温在-5℃～-7℃以外，湖南大部、广西东北部大多在-3.3℃～-5.5℃之间。江西气温稍低，北部有低于-7℃的局部区域。在经常发生冻害的湖南、湖北、江西、浙江等省份最低气温与曾经发生的重大灾害相比并不算很低，尤其是在广西东北部发生冻害的地区。就浙江省衢州市而言，遭受严重冻害的1999年12月最低气温-6.6℃，是历史上排第10位的最低气温值，并没有达到严重受害的临界范围（图75a，75b）。而且，该地受灾或严重受灾发生次数与极端最低气温出现的次数也不相符。

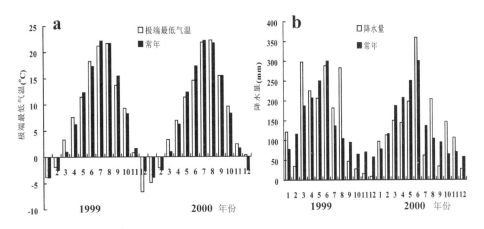

图75 衢州1999-2000年极端最低气温和月降水量柱状图；a.极端最低气温；b.月降水量。

值得注意的是，1999年6-7月长江中下游地区发生严重洪涝灾害，该地区暴雨连连，水文站点屡超警戒水位，甚至出现有记录以来最高水位。受持续不断降雨的影响，安徽、浙江、江西、湖北、湖南、江苏、上海、重庆、四川、贵州等省、市受灾人口6100万人以上；受灾农作物366.7万公顷以上，成灾226.7万公顷，绝收60万公顷。1999年1-8月份衢州1639.1mm的降水量比常年偏多近20%（图74b）。而7-8月465.7mm的降水量比常年多94%（图75b）。9月之后降水量剧减，仅仅是常年的34%。这种降水的戛然而止和气象灾害的协同作用导致受灾非常严重。

同年6-8月江西北部九江周边的降雨量是全国降水最为集中的地方，许多站点的旬降水量超过1000mm（图74b）。柑橘果树结果量大、负担过重，以至于对环境胁迫更加敏感。9月之后持续的少雨干旱更增加了其水分失衡的可能。在这种水分代谢失衡的协同影响下，加重了低温受害的程度，也扩大了柑橘低温受害的范围。尽管冬季低温严寒是类似"冬旱"灾害的诱发因素，没有夏季极端降水事件的协同影响，大范围、极严重的灾害较为少见。因此，对于生长发育周期较长的多年生果树而言，应该全天候地防范极端气象灾害的综合影响，以增强其生命力、提高防灾抗灾能力、增加产量及延长寿命。

3.3.4 柑橘"冻害"的比较气象学

在我国长江流域及江南地区，夏季平均气温常超过30℃，树木蒸腾蒸发量大。7-8月份伏旱天气时有发生。也就是梅雨季节过后，伴随着副热带高压带的北上降雨带北移，江南往往有个少雨期。尤其是湖南、湖北、江西等省份降水剧减、伏旱严重。7-8月份常出现<200mm的降水事件（张养才等，1991）。最为典型的城市如武汉、长沙（图76c，76e），在其周边的地区大多具有相似的"跳水"状降水剧减气候图式，如衢州、桂林等等（图76a，76g）。在这些地区大多属于柑橘的引种栽培区，并非传统的柑橘分布区。最为典型的湖南省，栽培着一些晚熟橙、柑类柑橘树种。如前所述，冬

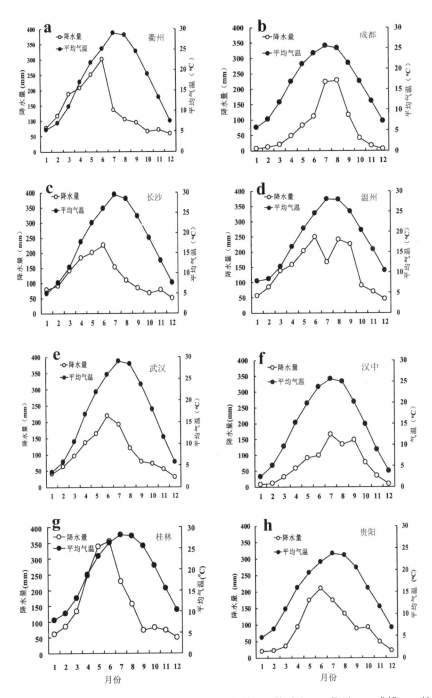

图76 不同柑橘栽培地区平均气温和降水量典型气候特征图的对比；a. 衢州；b. 成都；c. 长沙；d. 温州；e. 武汉；f. 汉中；g. 桂林；h. 贵阳。

季"冻害"常与夏季暑旱相继发生，结果导致受害严重。即使是常年气温较高、很少有低于柑橘冻害临界温度的桂林（图76g），偶尔在干旱的协同下也会发生严重冻害。

相比之下，在传统的柑橘分布区，四川成都（图76b）周边和浙江南部温州（图76d）以南的福建沿海地区，受海拔以及海洋性气候的影响，气温一般在30℃以下，蒸腾蒸发量也小。同时这些地区还有个7-9月份补充降水的过程，如台风雨等，所以伏旱并不严重。贵州及其周边地区尽管7-9月降水量不大，但是夏季低于25℃的平均气温，弥补了其降水的不足。伏旱期间的高温低湿并非明显（图76h）。因此，在贵州地区柑橘少有冻害或严重冻害的发生，与冬季持续的冻雨事件多发相悖。这种"异常"似乎是与柑橘持续低温冻雨受害说相矛盾。间接说明夏季极端降水事件与冬季低温寒潮和霜冻的链接才是大面积柑橘严重"冻害"的关键。在亚热带北缘和柑橘生产北缘的陕西南部地区（图76f），冬季极端最低气温往往低于长江流域的湖南、湖北等省份。但是，其柑橘受害时常比这些地区还轻，其得天独厚的气候是不可忽略的重要因素。尤其是夏季25℃-26℃的最高平均气温，一年四季中最高降水量出现在7-9月份，使得该地雨热同季、少有伏旱的发生，间接地提高了柑橘植株的抗冻能力。

地处柑橘生产北缘、亚热带北缘的陕西汉中，地理区域偏离与柑橘集中主产区，气候条件与柑橘集中主产区有较大差异。该地柑橘的冻害往往与湖南、江西、浙江等地同时发生的大范围受害呈现错位（江山等，2015；衡文华等，2003）的特征。1969年和1977年全国性柑橘冻害发生时均未有陕西柑橘严重冻害的记载。而在1967年和1975年陕南地区发生重大柑橘冻害时，并未有全国性大范围柑橘冻害事件的发生。在湖南、江西、浙江等地柑橘发生严重低温冻害的1999年，陕西汉中夏季的7-8月份降水量与常年持平，降水常年比为100%。而全年降水量的常年比值85%，也就是说该年度整体上降水略显不足，但并没有发生在暑期。尽管12月同样出现了-5.7℃的极端最低气温（图74a），但是汉中的柑橘树没有遭受严重冻害。

2012年12月下旬至2013年1月上旬，在汉中柑橘遭遇了1991年以来最为严重的、长江流域柑橘易受冻害地区没有发生的一次"冻害"，不少果园柑橘树的叶片枯黄脱落（衡文华等，2013；丁德宽等，2013）。经仔细分析汉中气象站的数据发现，陕西汉中2011年的年降水量（1291.3mm）是1951-2013年63年期间，排在第二位的最多年降水量（图77a，-○-）。该年度7月降水量（370.4mm）也是1951-2013年63年期间，排在第二位的7月份最多降水量（图77b）。尽管如此，该年12月和2012年1月的冬季极端最低气温分别是-3.2和-2.6℃，因此该地2012年年初并没有柑橘冻害的发生。紧接着2012年夏季的7月份降水量（287.3mm）排在1951-2013年63年期间第8位，是常年值的173%（图77b）。7、8、9月份旬降水量592.5mm，是常年的132%。不仅如此，2012年或2013年是陕西汉中从5年（图77a，-△-）和10年平均降水量（图77a，-●-）最低点的2002年开始降水逐年增加的高点（图77a）。诸如此类的水分和热量环境有利于柑橘等树木生物量的不断累积和枝叶的冗余。2012年暑期强降水和较高的气温，同样符合促生柑橘树旺长的条件。紧接着是降水急转和冬季低温胁迫。2012年10-12月降水量只是常年的50%，而2012年12月极端最低气温-5.6℃，比常年低1.4℃。进而诱发陕西汉中2012年末-2013年初的柑橘严重冻害事件。显然，此类严重冻害是极端气象事件协同作用的结果，尽管最低气温并未超出-7℃临界受害范围。而且调查发现，此次冻害有平地比坡地更重的倾向，似乎与坡地降水随地表径流损失较多，不至于诱发植株的疯长有关。

重庆垫江的气候号称雨量充沛、冬无严寒，适宜柑橘生产。然而，在2010年12月到2011年2月极端最低气温-1.7℃环境下，发生了用现行标准难以理解的"冻害"。最低温远没有达到低温受害临界值，与低温寒害的"哑巴灾"很相似。据报道，该年度夏橙等晚熟品种落果严重，重者可达80%以上（谢明权等，2011）。与往常一样，此次灾害往往被认为是持续低温霜雪影响下的"冻害"。而易于被疏忽的是持续的长期极端气象事件背景下的灾害链接。2010年是该地从1952年到2013年61年期间年降水量最低的年份。该年发生严重的伏旱天气，6-8月降水量是常年的50%（图77c）。冬季低温加重了气象干旱的影响，实质上是夏、秋干旱的继续。因此，属于夏旱、秋旱和冬旱的链接引发柑橘树严重落果、秋梢干枯。此次"冻害"突出地表现为靠近长寿湖区的果园受害较轻（谢明权等，2011）。这与小林章（1983）的研究趋同，冬季异常落叶往往是柑橘树体水分失衡的结果。冬季的12月和1、2月土壤水分不足，根系吸水困难，遇到大陆性干燥寒风吹袭则冻害加重。且叶面喷水或者土壤灌溉可以减少异常落叶。

如前所述，在湖北省宜昌常以柑橘无冻害著称。然而2011年1月宜昌气象站点观测到月极端最低气温-3.4℃，夷陵区最低气温低于0℃的天数出现了15

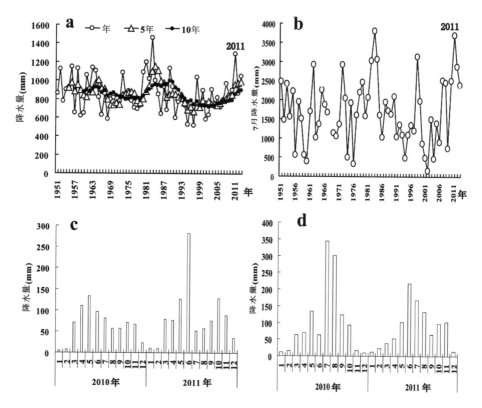

图77　2010、2011和2012等年间陕西汉中、重庆和湖北宜昌周边的降水量；a. 陕西汉中1951年-2013年期间年降水量、（前）5年平均降水量和（前）10年平均降水量；b. 陕西汉中1951年-2013年期间7月份降水量；c. 重庆2010和2011年各月降水量；d. 湖北宜昌2010和2011年各月降水量。

天。尽管此类低温在宜昌并非少见，但是该年夷陵区1.32万hm²柑橘园受到不同程度的冻害，其中发生3级及以上冻害的柑橘园0.18万hm²，发生2级冻害的柑橘园0.24万hm²。纵观宜昌市气象史，2010年夏季暑热天气之间降水偏多，7和8月份的降水量分别是344mm和300mm，是常年的159%和173%（图77d）。而且两个月的累计降水量从多到少排在气象记载史上（1951-2013年）的第5位。这与许多重灾年份由暑期强降水诱导树体徒长进而引发冻害的事件相似。在这些致灾因素的协同下发生了本不该发生的"冻害"。在我国柑橘主产区的湖南和湖北，类似的"冻害"偶发事件时有发生。只是涉及范围小、受害程度有限，并没有引起人们的特别注意。

据报道，美国弗罗里达州也有类似的柑橘冻害事件的发生，尽管该地气温很少降到零度以下，2009年就是一例。尽管2009年12月最低气温2℃，但是发生了柑橘的冻害（董朝菊，2010）。该事件发生之前，从2008年到2009年连续两年出现降水的急转事件；其一，2008年8月328mm（图78a）的超强降水是该地有气象记录以来一百多年中第二位的8月降水量，常年差值在140mm之多（图78b），此后紧接着7个月少雨，即连续出现7个月的降水常年差负值（图78b）；其二，是2009年5月250mm的降水，其常年差值也超过140mm（图78b）；在此之后，紧接着又是6个月的降水偏少。连续两年出现这种降水急转事件是美国弗罗里达州气象史上绝无仅有的事件。而柑橘"冻害"事件恰恰发生在两次降水急转事件结束的2009年12月、且降水常年差值重回正值之时。与此相似，1977年1月连续5天气温降到零下之后佛罗里达州发生的柑橘冻害事件同样发生在降水的急转之后。1976年5月降水量常年差为134mm（图78c），紧接着也是长达5个月的降水偏少月，尤其是暑热的7月份。

据记载（张养才等，1991），美国弗罗里达州1957年到1958年冬季最低气温达-10.0℃，1957年12月冰冻时间持续6-12小时，柑橘严重冻害占5%-10%，其中有2%幼树全部冻死。1957年的年降水量是该州1895-2010年116年间第9位多的降水量（图79a），除1、2、10和12月以外其余各月的降水量均超过常年值，而且4、5和9月的降水量达到常年的160%以上。尽管1958年的降水量比常年稍多，前5年和前10年平均降水量持续降低，在该年度刚好位于阶段性低点（图79b）。也就是说1957年是持续多年干旱后降水迅速增多的拐点。邻年降水量差值为排在历史上第2位的正值（图79c）。相比之下，1961年是降水量急速减少的一年，是历史上排在第4位的负数邻年降水量差值（图79c）。再加上1962年绝对最低温在−7.7℃至−11.1℃以下，持续60小时以上，结果是30%的柑橘树冻死。这些"冻害"事件恰恰也是弗罗里达州气象记载史上极端降水事件出现的特殊情况下发生的。这意味着，弗罗里达州这两次严重的"冻害"是在降水量过多和过少的极端变化过程中发生的。

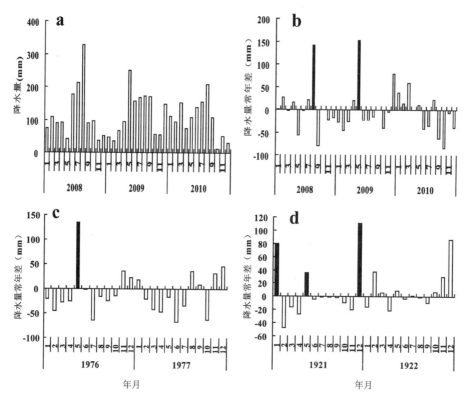

图78　美国弗罗里达州和加利福尼亚州（各站点平均）降水量和降水常年差的急转变化；a. 2008年到2010年弗罗里达州各月降水量；b. 2008年到2010年弗罗里达州各月降水量的常年差值；c. 1976–1977年弗罗里达州各月降水量常年差；d. 1921–1922年加利福尼亚州各月降水量常年差。

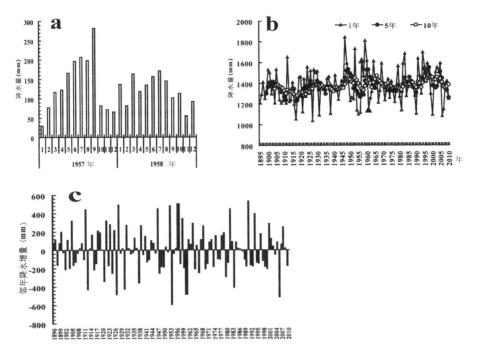

图79　美国弗罗里达州1957-1958年降水量以及1961-1962年的降水急转事件；a. 弗罗里达州1957-1958年降水量变化趋势；b. 自1895-2010年116年间年降水量（-△-）、前5年平均降水量（-●-）和前10年平均降水量（-○-）的变化趋势，其中▲为1957和1961年降水量值；c.1895-2010年间邻年降水差值的变化趋势，其中（粗线条）∣为1957和1961年邻年降水差值。

　　如前所述，降水急转事件往往通过改变柑橘等树木的生长状态来影响其对低温的敏感性。尽管这种降水急转事件对柑橘遭受冻害的叠加效应尚待进一步验证，降水从多到少或从少到多的急转对树体的负面影响已经有为数不少的事例。此外，尽管美国大陆的大陆性气候与中国大陆性季风气候差异较大，然而据主要气象数据的聚类分析结果表明（王斐等，2017），弗罗里达州迈阿密的气候特征与中国东部沿海的城市非常相像，尤其是降水特征。相关的聚类分析往往将其与东亚地区的主要沿海城市归为一类。它们的共同特点是夏季气温较高，且7月往往有个降水剧减的过程，尽管减少的程度各不相同。而且与中国东南沿海省市相同，佛罗里达州也是美国受热带气旋或飓风袭扰最为严重的州。2008-2009年柑橘"冻害"事件发生期间，2008年8月

25日到9月14日期间刚好佛罗里达州遭受3个飓风的袭扰。而台（飓）风也是诱发极端降水事件发生的重要气象要素。这种气象环境的相似性和柑橘受害的共同特征，说明柑橘遭受极端气象事件袭击和低温冷冻有着潜在的协同规律。有待我们从广域甚至全球范围内进行深入的探索。

如前所述，柑橘对降水的需求通常认为是6–10月生长季节内780mm左右的降水量，而年降雨量1000mm以上。尽管如此，在有补充灌溉的地方，干旱地区栽培的柑橘亦能生长良好并获得丰产。也就是说，在充足的灌溉条件下柑橘栽培可以不受自然降水的影响。如在自然降雨量仅33mm靠河水补充灌溉的埃及开罗已经建立起具有一定规模的柑橘产业（禾本，2015），在这些地方人们的集约经营弥补了自然降水的不足，以至于栽培的柑橘植株受伏旱或雨涝的胁迫影响较小，也不易因过度湿润而引发贪青徒长。在冬季气温未低于极端受害临界值前一般很少发生"冻害"。

再者，土耳其北部柑橘栽培地区的气候条件与中国柑橘栽培区北缘的陕西南部地区有相似之处。两地的年平均气温均在14.5℃左右，冬季极端最低气温相近，都在–5到–6℃之间（图80a）。两地柑橘栽培和冻害发生的环境条件基本相同（图80b）。然而，由于两地地处于不同的气候类型区，气候存在巨大的差异。前者属地中海型气候，夏季炎热干燥、冬季温和湿润。冬季丰沛的雨水缓解了低温胁迫的压力，少有夏旱和冬旱的叠加。而后者夏季雨热同季、冬季干冷同在。在地中海气候区的土耳其柑橘栽培区，夏季灌溉必不可少（图80c），否则柑橘难以生长（赵学源等，1990）。人工补水满足了喜欢湿热环境的柑橘类果树的生长。鉴于该地地中海型夏旱气候区自然分布众多硬叶植物，夏季干热的气候有利于叶片角质层的发育。也有利于枝叶抗性的增强，其中也包括对冬旱的抗性。相比之下，在东亚季风气候下，夏季雨热同步的环境有利于鲜嫩枝叶的生育。这些贪青徒长的枝叶若没有经过抗寒锻炼，则易于发生冻害。二者最大的区别，在于地中海气候区的土耳其等地没有雨热同季的夏季和少有夏季降水的急转过程。如同气温急变对植物伤害更加严重一样，诱导柑橘等树木快速增长后迅速使水分供不应求的降水急转

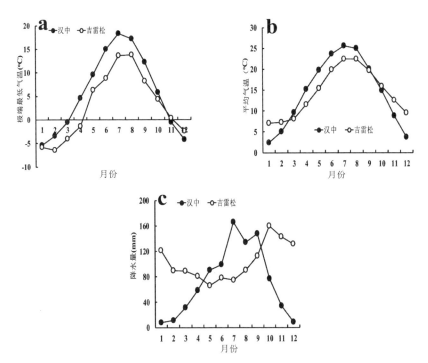

图80　汉中与土耳其北部黑海沿岸的吉雷松（Giresun）周边的气候对比；a. 极端最低气温；
b. 平均气温；c.降水量。

及其与低温的链接同样会造成严重的伤害。因此，两地遭受冻害的报道存在
显著的差异。此外，有报道称在地中海气候区的法国科西嘉岛，−7℃的低温
没有柑橘冻害的迹象，而格鲁吉亚−8到−12℃低温环境未见柑橘受害的情况
（陈尚谟等，1988）。

　　美国加利福尼亚州拥有地中海类型的夏旱气候。用主要气象因素进行的
聚类分析该地也常与地中海周边的城市聚集在一起（王斐等，2017）。有报
道称，在−6.6℃到−9.0℃的低温时，加利福尼亚州的柑橘平常仅有果实和叶
片的轻度受害（1−2级），并归因于出现低温时植株已经进入休眠（陈尚谟
等，1988）。而1922年1月出现−7.7℃低温下受到的严重冻害，被归结为低温
出现之前持续的温暖天气。在这种天气下，柑橘植株尚未进入休眠状态。进
一步研究和分析其气象数据发现，1921年度加利福尼亚柑橘受害前同样经历

了极端降水事件的袭扰。这年1月、5月和12月降水明显偏多、降水量常年差值为正数（图78d）；尤其是5月和12月的降水量正处于由多变少或由少变多的转折期。在1921年12月到1922年1月的降水急转之中，刚好处于最低气温出现的时期。这时的降水再加上温暖的气候促进了柑橘果树在夏季的徒长和冬季休眠的推迟。说明低温虽然是冻害的主导因子，但是受害的程度和规模是多因素综合影响的结果，尤其是降水急转直下的影响。

到目前为止，鉴于气温的剧变带来的柑橘等果树的受害立竿见影，得到了人们的足够重视，也开展了一系列深入细致的研究，且总结出一些防御措施。而由于降水急转事件的持续性和隐秘性特征尚未引起人们的注意，而二者的偶遇和链接则更加难以捉摸。更谈不上有关的研究和应对方法。在充分认识到果树遭受长期持续的极端气象环境影响的规律后，尤其是降水的急转变化、气温的断崖跳水等灾害事件，有利于我们防范一些大规模的严重"冻旱"灾害的发生。有利于我们制定更加行之有效的方法促进柑橘等果树的稳产高产。至关重要的是我们如何趋利避害，合理布局，使我们有限的资源发挥尽可能大的作用，进而获得较大的效益.

3.3.5 极端气象事件下苹果等落叶果树的水分和能量失衡

1993年日本大部分地区降水量较常年偏多，阴雨连绵，水稻和果树等作物因低温和光照不足而减产（日本农业气象学会，1994）。4次台风的袭扰更是雪上加霜，进一步增加了降雨的强度和规模。受两次雨量充沛台风的影响，西日本地区7、8、9三个月的降水量是常年的2倍，个别地方超过2.5倍。日本山口市1993年到1994年期间的降水从极多到极少形成鲜明的对比，尤其是夏季的6到8月（王斐等，2017）。事实上，台风沿高压脊切变线不断输送而来的水汽遇到南下的冷锋时，台风增加降雨强度的效应则更加突出，历史上有些超大降水事件就是在这种条件下发生的。地处同一东亚气候区的我国沿海地区和长江流域，1993年度夏季的7-8月份同样多阴雨（图81a）。在山东省一些地方夏季多雨的前提下，经过短暂的间歇，11月又出现了创纪录的

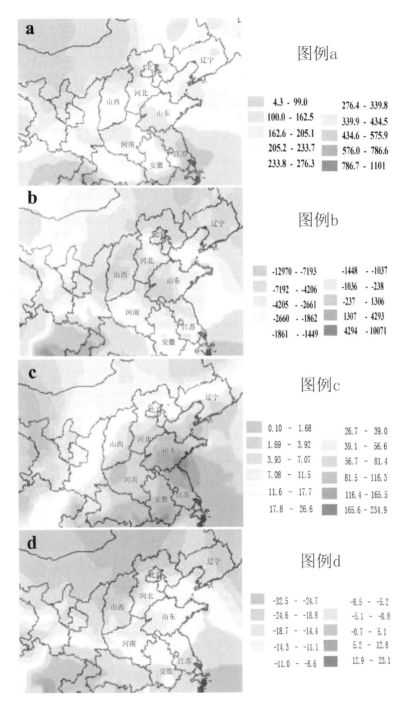

图81　1993年中国一些主要气象站点典型气象条件的地统计分析图；a. 7-8月降水量（mm）；b. 7-8月的降水量和11月最低气温的乘积值；c. 11月降水量（mm）；d. 11月极端最低气温（℃）。

极端降水事件。一些地方的降水距平百分率接近600%（图81c），为果树、冬小麦等作物创造了适宜徒长和推迟休眠的条件。紧接着11月中旬开始的寒潮降温（图81d）及其持续，造成了我国北方大范围内落叶果树的严重冻害。其中包括苹果、板栗等，涉及山东、辽宁、河北、山西、河南、江苏和安徽等省份（张克俊，1994；王政等，1994；孔树森等，1995）。在河南南召县平均气温仅降至-2.4℃，冬小麦也冻害严重。

苹果属于我国栽培面积广、产量大的典型落叶果树。苹果树落叶后处于休眠期的树体可以抵御-25℃到-30℃的低温（陈尚谟等，1988）。然而，1993年11月中旬提前到来的寒潮降温使山东济南最低气温降至-9.3℃（图81b）。不仅如此，1993年是10年长期降水量平均值到达低点后开始增加的节点，并且比1992年降水量增加近300mm，持续干旱使得树体对降水敏感。而降水较多、生长期延长，寒潮来临时苹果树体尚未落叶而进入休眠状态，所以诱发了山东济南周边一般年份很少受冻害的苹果等落叶果树受害严重。1993-1994年我国北方苹果受害最严重地方是山东的聊城和德州地区。冻害中心苹果苗、幼树和大树的花芽死亡率达98%（张克俊，1994）。这一地区恰恰位于1993年暑期7-8月份降水量与11月最低气温之乘积值很低的区域（图81b）。也就是说，该地区1993年夏季降水丰沛、冬季11月寒潮来袭时的气温低，二者的叠加效应（乘积值为负值）导致苹果等果树受害严重。江苏北部的徐州、安徽北部的砀山该乘积值依然偏低，尽管11月极端最低气温在-8到-9℃左右，苹果等果树同样有冻害的发生，还伴有冬小麦的冻害（郑大伟，1995）。相比之下，此时河北北部和辽宁南部苹果等落叶果树刚落叶，尽管树体休眠程度不深也受到一些伤害，但受害较轻，以当年生枝的回枯为主（张克俊，1994）。

从广域对比而言，尽管1993年11月我国西部的陕西省极端最低气温比沿海的山东、辽宁还要低，然而夏季和11月适度的降水使得苹果、冬小麦没有因徒长或者严重干旱胁迫而诱发或加重冻害的报道。尽管1994年1月汉中地区出现了-6.3℃极端最低气温，并且已经低于柑橘发生严重冻害的2012年末和

2013年初的最低气温，也低于汉中1月最低气温的常年值。但是该年度正处于长期平均降水量的下降通道之中（图77a），适度的夏秋降水环境，并没有诱发柑橘类果树的徒长，所以也没有1993~1994年与该地果树相关的严重冻害报道（江山等，2015）。

在正常情况下，落叶果树苹果对低温的抗性较强。然而，这种抗性是有条件的，随内外因素的不同而变化。除了不同苹果品种的抗性不一以外，苹果树体冬季随气温的逐渐变冷、抗寒锻炼的加深而逐步提高；春季随气温的逐渐提高抗冻性又逐渐降低。树体休眠程度也影响其抗冻能力，晚秋和初冬季节因苹果树体尚未进入休眠状态，如遇寒潮剧烈降温会造成严重危害，持续干旱的叠加更是雪上加霜。以至于在不太冷的年份时而也会冻害严重。例如，1981年秋到1982年春我国西北苹果受害的事件。1981年10月初我国西北宁夏、甘肃和内蒙古地区出现历史上罕见的"早霜冻害"。最低气温从-6℃到-11℃（图82a）。苹果花芽受冻率平均50%以上（陈尚谟等，1988）。

然而，纵观宁夏10月份低温寒潮的历史，低于-6℃的低温并不稀奇。比1981年10月寒潮降温更低的年份也不少。那么为什么1981年发生了罕见的苹果树"冻害"事件呢？

据国家气象中心的数据记载，1980年我国发生全国性的干旱，宁夏、辽宁等地继春旱之后7-9月份发生严重干旱，降水量是常年的40%-60%（资料来自中国国家气象数据网）。引黄灌区苹果基地县吴忠等县降水量不足100mm，中卫县山区从1979年秋至1980年8月末下过一场透雨，一些果园承受严重干旱威胁（温克刚，夏普明等，2007）。1981年到1982年辽宁开原持续干旱（图82d），大量山楂树死亡，山楂产量减产60%。尽管1981年10月最低气温也降至-6℃以下（图82c），但是该地此类低温并不稀奇，因此该事件被归因为干旱诱发的灾害（张养才等，1991）。1981到1982年在宁夏产区苹果树受害事件发生时，干旱同样为1980年干旱事件的继续（图82b），而且是1978年创造年降水量最高极值之后降水逐年降低之中。正是在这种降水急转之时遭遇1981年10月提前到来的寒潮（图82a）。因此，与其说是苹果树的

"冻害"，倒不如说是低温和持续干旱等极端降水事件协同作用的结果。

1980年到1981年的持续干旱期间，以辽宁营口、鞍山、辽阳、本溪、丹东、沈阳、抚顺等地为中心发生了严重的苹果"冻害"，枯萎苹果树木达50万株，减产数千万斤（周远明等，1982）。在受害最重的营口周边，从1980年10月到1981年3月各月最低气温分别是-2.7、-5.9、-22.6、-25.2、-21.0、-10.0℃。只有1980年12月和1981年1月低于60多年的月平均最低温。也就是说，最有可能诱发灾害的是12月或1月最低气温，而不是10月-2.7℃的寒潮。然而，此类低温在该站点气象史上为数较多。以最低气温为依据很难解释类似年份没有苹果树枯萎的发生。为此，应用年度极端最低温和降水量

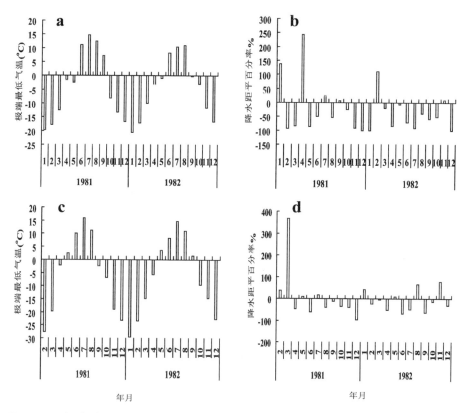

图82 1981年到1982年宁夏中卫和辽宁开原极端最低气温和降水距平百分率；a.宁夏中卫极端最低气温；b.宁夏中卫降水距平百分率；c.辽宁开原极端最低气温；d.辽宁开原降水距平百分率。

的标准化值计算各年度的低温/降水比值系数来对气象数据进行深入解析。详见公式5：

$$低温降水比_i = \left(LT_i / \left(\sum_{i=1}^{n} LT_i / n \right) \right) / \left(Pr_i / \left(\sum_{i=1}^{n} Pr_i / n \right) \right) \quad （5）$$

其中，LT_i为第 i 年度10、11、12月和翌年1、2和3月间的极端最低气温值，$i = 1951$，1952，…，1981；Pr_i为第 i 年度的降水量。

结果表明，1951年到1981年30年间辽宁苹果重点产区的营口气象站点之数据中，按从大到小的顺序苹果发生"冻害"的1980年低温/降水比值系数排在第3位。排在第1和第2位的分别是1958和1978年两个年头。尽管这两年的比值系数最高，但这两年的前一年（1957和1977年）辽宁苹果树已经发生过严重的灾害（周远明等，1982）。其中，1976年底到1977年初辽宁大连苹果花芽普遍受到冻害，减产20%左右；冻死苹果、梨、桃树共计60万株；营口地区果树花芽冻死率40%，冻死初龄果树11.8万株，其中苹果树7.7万株。辽宁中北部的一些地区的果树树干冻裂，有新梢和多年生枝冻死（温克刚，李波，孟庆楠等，2005）。显然，1958年和1978年没有重复的苹果树严重枯死发生是可以理解的。因为大灾之后剩下的植株往往是抗性最强、栽培立地条件优越的个体。也就是说，在辽宁苹果受害的年份该比值系数往往很高。其意义在于最低气温越低、降水量越少该指数越大。比值系数越高苹果树受害重的趋势说明苹果树的严重灾害是低温和干旱协同作用的结果。从直观上而论，寒潮降温更加立竿见影，归结为冻害更加易于被接受。相比之下，持续性的干旱威胁更加隐秘、易于被忽视。无论是开原的山楂等果树受害还是宁夏等地的苹果树受害，其实是夏秋干旱和冬旱的叠加，而低温则是冬季严重干旱的诱发和加重因素。

众多外在环境因素对木本植物造成伤害往往是通过影响其内部的代谢平衡而起作用的。只有真正诱发其水分、能量和物质的失衡时，伤害才会发生。多因素的叠加往往加重伤害的程度，并且易于造成平常难以发生的伤害。其中辽宁、宁夏等地的苹果等落叶阔叶果树的冬季受害就是典型的事例。

3.3.6 一些果树遭受冻害的"例外"事件

果树在极端气象事件中受害往往是其内在的生物学基础和外界环境共同作用的结果，这包括果树的树种、品种的抗性、年龄、生长状态、结果周期、群体结构、立地条件（包括光照、土壤、气候）等等内外因素。因此，在实际生产过程中总是会出现这样或那样的"异常"事例。在极端低温出现的年份也没有冻害的发生，比如江苏省苏州市吴中区（原江苏省吴县）境内的东山半岛1977年发生的柑橘严重冻害。东山半岛镶嵌于太湖之滨，气候温暖而湿润。太湖常年气温较高，适宜柑橘的生长。年均气温16.1℃，1月平均气温2.7℃，7月平均气温28℃-29℃，极端最低气温-8.7℃。大于等于10℃的积温5056℃。年平均降水量1110.5mm。1969年2月-8.7℃气温创造了该地极端最低气温的纪录。但是该年度没有柑橘"冻害"的发生。然而，1977年1月尽管最低气温为-8.3℃，大部分柑橘被冻伤，甚至枯萎，并且导致大幅度减产。

从广域的气候而论，1967年我国的浙江、福建、江西、上海、江苏南部、安徽南部等地自6月开始大范围少雨，7月中旬到10月底100多天未下透雨。8月安徽受旱面积666.6千公顷。江苏省全省出现持续的高温干旱气候。从局地气象环境而言，江苏吴中东山从1967年7月19日起连续43天基本无雨，伏旱严重。该年的降雨量在气象记载历史上排在倒数第2位，是常年的70%，而6-10月降水量不足常年的20%。1968年干旱持续，年降雨量维持常年降水量的75%左右，6-9月降水量是常年的44%。不仅如此，1968年同时还是前5年平均降水量的低点以及前十年平均降水量的下降通道之中。说明该年是长期降水平均值到达阶段性低点之后，降水量由少开始转多的转折年份（图83-◆）。如前所述，严重的伏旱和秋旱的链接或者长期持续干旱的叠加势必造成柑橘树体的严重胁迫甚至伤害。经历重大灾害之后或者在持续的水分和能量失衡的影响下，树体往往作出相应的响应，如落花落果、光合叶面积和蒸腾表面积的缩减。吴县东山1967年果树死亡率高达30%–40%。花果产量仅5万担，比1966年少3.4万担（温克刚，卞光辉等，2008）。除此之外，柑橘等果树势必减少来年的花芽和结果数量、叶片变小、角质层加厚等等，从而提高了对于后续的低温和干旱的抵御能力。在这种"庇护"作用之下，1969年尽管创造了极端最低气温的纪录，但是并没有对该地柑橘造成严重的伤害（陈尚谟等，1988）。

相比之下，1976年的降水量与常年持平（图83–◇），长期平均降水量正处于上升过程中的阶段性顶点。这种水资源逐步增加的环境条件本身有利于植株的光合和蒸腾表面积的逐年累积，进而增加生物量的冗余。以至于在较长的低温严寒过程中因水分和能量失衡而发生严重"冻害"。

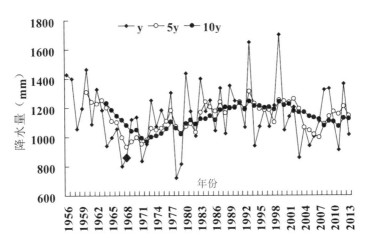

图83　江苏吴中东山站1956年到2013年年降水量（y）、前5年平均降水量（$5y$）和前10年平均降水量（$10y$）的变化趋势。其中放大的◆图标为1968年年降水量，放大的◇为1976年年降水量。

类似江苏吴中于1968年特大灾害之后呈现的对二次灾害的免灾（庇护）作用并非少见，1972年湖南长沙的柑橘生产就是较为典型的事例。如前所述，湖南是我国柑橘主要产区之一，也是夏季伏旱频发的省份。一些年份即使绝对最低气温并未达到柑橘受害或严重受害的临界范围，柑橘遭受冻害的事件并非罕见。然而，1972年长沙市周边，2月极端最低气温达到−11.3℃

（图84a），为该地历史上最低的气温，而柑橘受害微不足道，对当年柑橘的产量没有影响（江爱良，1979）。对此现象一般习惯于从气温的剧变角度去理解，并认为是低温袭扰持续的时间不长之缘故。但是，降水剧变过程等持续性隐形致灾因素没有得到足够的重视。之前的1971年是我国长江中下游流域遭受重大伏旱灾害的年份。该年6-8月份，伏旱严重，不少山塘水库干涸，汉口长江水位降至18.66米，接近百年来同期最低值（18.36米）。湖北7月下旬受旱面积90.4万公顷。1971年是长沙历史上排第2位最少降水量。夏季的7月降水量仅为常年的20%（图84b）。据中国气象灾害大典—湖南卷（温克刚，曾庆华等，2006）记载："长沙市的浏阳6月25日到10月28日夏、秋连旱104天，成灾7000公顷；望城成灾5467公顷；长沙市郊7-9月久晴不雨，出现死菜、死禾、死鱼、死果现象"。严重影响了1971年柑橘的产量。1972年尽管创造了气象观测站的极端最低气温纪录，但是该年也创造了降水量的最高纪录（图84c），使得1972年柑橘产量反而超过1971年的产量（江爱良，1979）。这就是说，在1972年极端低温事件发生前树体对1971年暑旱事件已经做出响应。这种响应或者通过光合叶面积的缩减、或者通过蒸腾表面积缩减甚至落花落果等形式实现了树体水分和能量的再次平衡。而轻装上阵的树体对极端的最低气温具有较强的忍受能力。也就是说，果树受害与否应根据树体本身的水分和能量平衡状态具体问题具体分析。

对于遭受极端气象事件胁迫危害已经做出响应并实现新的平衡的树体，前期的极端气象事件对后续事件时而有种免灾效应的存在。这为我们充分认识果树等木本植物适应环境的复杂性具有明显的借鉴意义。也为我们制定应对方案和措施提供理论基础。寒潮袭击导致黑松针叶大量枯萎而缩减蒸腾表面积之后对于再次寒潮来袭的免灾作用将在下一节继续阐述。

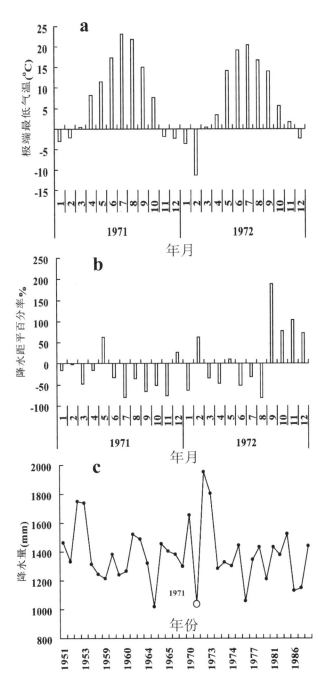

图84　湖南长沙1971–1972年度的气象数据图；a. 极端最低气温；b. 降水距平百分率；c. 年降水量
的逐年变化，其中○是1971年的降水量值。

3.4 降水急转诱发的SPAC系统崩溃和松柏等树木枯萎

3.4.1 极端气象事件的叠加与树木的水分和能量失衡

以往研究表明，极端的降水丰歉急转、持续的高温干旱和寒潮降温的链接再加上树木抗逆能力的动态变化等是诱发气象灾害的关键。植株生长的过快、过慢均不利于增强其抗灾能力。而且，极端环境因素或者灾害气象因素之间存在明显的叠加效应。夏季极端多雨促进树木徒长，以至于引发幼树冬季受害的事例在北方干旱和半干旱地区并非少见。侧柏叶枯或整株枯萎与极端气象事件的关联性就是较为典型的事例。2014年甘肃天水的侧柏叶枯病就是发生在与汉中2013年柑橘冻害相似的协同致灾气象条件下。侧柏在江淮丘陵极端降水事件发生后而枯萎的事例尤其是叶枯病也时有发生。其特点是6月降雨量多、冬季干冷则受害严重（戴雨生等，1997）。2019年燕子山及济南周边一些侧柏单株的枯萎事件同样也是在2018年夏季多雨而后降水戛然而止并且继发持续性干旱胁迫的条件下发生的。除此之外，黑松等耐干旱树种也有类似事件的发生（王斐等，2017）。在北方四季分明的温带干旱地区，降水对于树木的生长至关重要。降水多寡，尤其是雨热同季的7月份降水量在很大程度上影响其生长状态。极端的降水（过多或过少）事件，往往成为协同低温干旱致灾的不可或缺因素。

2013年7月，我国华北和东北地区降水异常偏多，包括侧柏主栽区的山东、山西、甘肃、河北、陕西等省、市、区。一些气象站点发生极端降水或连续降水事件，许多站点的降水量达到或超过历史极值（龚志强等，2014）。济南市的7月降水量是常年的1.89倍（表6，2013–2014），排在近65年气象记载史的第5位。而山西长治地区的7月降水量是常年的2.58倍，甘肃天水市的7月降水量是常年的3.27倍，并且二者都打破了相应的历史极值纪录。8月之后持续少雨引发干旱急转事件的发生。济南、长治和天水三地的年降水量常年比分别是1.07、1.10和1.58。11月最低气温分别是-4.9℃，-10.4℃和-8.3℃（表6，2013-2014），分别比常年低0.8、0.8和2.4℃。三地更能反映降水从极多到极少转换的指标，7月降水急转常年比值（计算方法见附录6）分别是2.77，3.91和4.40（表6）。这意味着，7月降水量与此后12个月降水量的比值是常年该比值的2到5倍之间。甘肃天水这年的6、7、8月降水急转常年比值（计算方法见附录6）甚至也达到正常年份3.5倍之多（表6）。尽管济南周边同样发生了超强降水和干旱急转，但是2014年没有发现大面积的侧柏枝叶和整株枯萎现象。然而，甘肃天水和山西长治地区更加极端的降水急转事件（表6，2013-2014），诱发了侧柏大面积的叶枯或成片的整株枯萎，而且幼树受害更加严重（王斐等，2017）。

表6 夏季降水极端事件诱发的侧柏叶枯症状对比

		济南	长治	天水
2018-2019	2018年降水量（mm）	857.9	565.8	535
	2018降水常年比	1.275	1.024	1.088
	6-8月降水常年比	1.367	0.851	1.15
	6-8降水急转常年比	2.308	1.114	1.42
	叶枯或枯萎症状	零星散布山麓和山巅、多见整株枯萎	零星少见自下而上叶枯	多见自下而上叶枯
2013-2014	2013年降水量（mm）	736	609	817
	2013年降水常年比	1.094	1.102	1.662
	6-8月降水常年比	1.22	1.39	2.37
	6-8降水急转常年比	1.779	1.607	3.512
	叶枯症状	单株、零星、极少见	小规模、成片	较大面积50%

2018年夏季的6月到8月，我国华东、华北和东北沿海地带受台风的影响而降水偏多，包括江苏、山东和东北地区。山东泰、沂山北麓的淄河和弥河流域为中心的地域降水相对丰沛，个别地方前九个月的降水量甚至超过1000mm。这在该地有气象记载史以来较为少见。雨季甚至发生了罕见的洪水泛滥。济南市年降水量857.9mm，是常年的1.275倍（表6）。6-8月降水量的常年比值为1.367。9月以后紧接着是持续11个月的极端干旱少雨气候的发生。以至于著名的济南趵突泉泉水微弱得几乎难以喷涌，黑虎泉泉水的喷涌也微乎其微，周边的一些小型泉眼早已停止喷涌。更能反映降水从极多到极少转换的指标，6-8月降水急转常年比值达到2.308，远远超过2013年的1.68（图

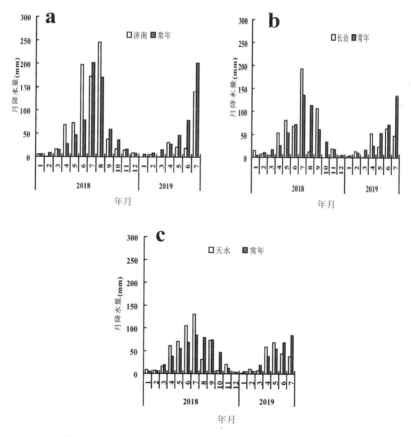

图85 2018年1月到2019年7月山东济南、山西长治和甘肃天水三地降水量及常年值的对比；a. 济南；b. 长治；c. 天水。

85a）。相比之下，尽管受相似的大气环流系统的影响，2018年山西长治和甘肃天水的降水持平或稍多，年降水量常年比分别是1.024和1.088（图85b，85c）。6-8月降水急转常年比值分别是1.114和1.42。

2019年尽管甘肃天水有个别贪青徒长、枝叶过度冗余的侧柏幼树发生从下向上枝叶干枯（图86d），山西长治周边的沟谷地带偶尔也能见到类似的叶枯症单株的出现（图86c），相比之下，在山东济南因降水急转和持续干旱的叠加而诱发燕子山周边石灰岩山地的中下覆土层较厚、密度过大、阴湿环境中足以引起人们注意的侧柏部分单株的枯萎死亡（图86b）；这些枯萎单株的共同特征是树干"细高"且树冠受到严重挤压的幼龄侧柏单株。　这说明在更加极端的降水急转、持续干旱再加上夏季干热气候的作用下，树体水分和能量失衡诱发这些枝叶大量冗余、树冠受压的侧柏植株的枯萎。

济南燕子山西坡雨季汇水量多，与阳坡相比相对湿润，侧柏林密度偏大。在汇水的沟口地带以及防火道下沿侧柏枯萎的较多（图86a）。在阳坡山顶部位岩石裸露、土壤瘠薄、土壤容量空间有限，难以持续地提供侧柏植株水分和矿物质资源，在2018-2019年的降水急转和持续干旱事件发生后只有少量幼龄植株干枯。其中也包括一些5-10年左右的天然更新幼树的干枯死亡。在极端环境或气象灾害的叠加作用下，侧柏植株因水分等供求失衡以及相伴

图86　中国北方三地2019年侧柏枯萎事件；a. 济南燕子山侧柏枯萎单株的空间分布图；b. 济南燕子山侧柏枯萎单株的RGB图像；c. 山西长治单株侧柏叶枯症状；d. 甘肃天水麦基山周边侧柏叶枯症状。

而生的高温、能量失衡而枯萎死亡，尤其是那些枝叶冗余过多、林缘内侧的幼龄苗木和幼树（图86a）。2018年雨季燕子山侧柏造林成活率虽高（90%以上），在持续的干旱下，到2019年夏季保存率急剧下降到不足50%。

观察发现一些枯萎的侧柏植株树干上有双条杉天牛羽化孔和钻蛀的痕迹，所以难免被怀疑是天牛危害的结果。然而，干枯的低龄幼树和枯萎的新植幼苗上根本没有虫蛀的痕迹。而有相当一部分大树上也没有虫害的发生。尤其是那些自下而上枝叶逐渐枯死的植株，顶梢外围尚有少量存活绿叶的植株以及尚未完全干枯的植株几乎没有蛀干害虫的侵袭。侧柏枯萎是个漫长的过程，到整株枯黄变褐甚至可以持续数月甚至半年之久。在此期间，已经衰退的主干抵御能力差，易于遭受蛀干害虫的危害。再加上天牛等害虫的选择性产卵，所以一部分适宜天牛寄生的植株遭受蛀干害虫的侵袭。

2019年2月山西长治和甘肃天水的最低气温分别是-14.3℃和-10.0℃，极端的低温和干旱不利于侧柏幼苗的越冬。山西长治在-14.3℃的低温和冬旱的影响下，在2019年5月下旬的调研中看到了少量新植幼苗的枯死和近年来萌生幼苗的枯萎，以及个别树冠过度冗余之畸形植株的严重叶枯现象的发生（图87b）。尽管甘肃天水-10.0℃的最低温并非苛刻，在持续的冬旱胁迫作用下，侧柏叶枯症状在这些地区较为多见。但是，整株快速枯萎者并不多（图87c）。不仅如此，在黄土高原地区类似的叶枯症状较为常见，特殊的土壤条件使得在雨季降水充足的条件下易于诱导枝叶徒长和冗余，或许是此类症状易于发生的根本原因。相比之下，2018年冬季的11月到2019年2月，尽管山东济南最低气温在12月底达到-11.5℃，气温是从高到低平稳过渡到最低值，并未出现极端的寒潮降温事件（图87a）。因此，给树木越冬提供了足够的抗寒锻炼时间。山东济南尽管有持续干旱胁迫的协同作用，但是春季并未发现侧柏的干枯死亡。而且当年新植的苗木无一发生意外，林地新萌生的籽苗也顺利越冬。伴随着干旱的持续直到气温急剧增高的5-6月和伏旱的发生才开始有幼苗、幼树和细弱成年大树的枯萎。所以，其受害的机制在于上年雨季的雨水丰沛增加了幼树枝叶的冗余，极大地增加了其水分的需求，经历

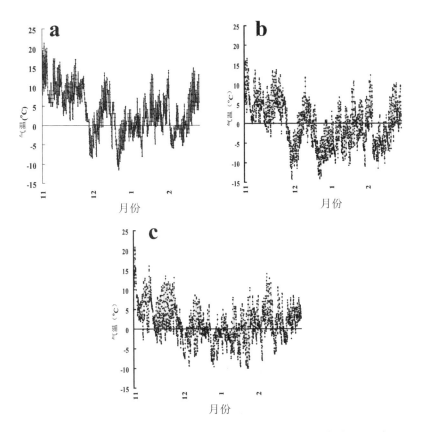

图87 2018年11月到2019年2月济南、长治、天水气温观测值；a. 济南；b. 长治；c. 天水。

持续的干旱以及后续夏季高温的叠加影响诱发其水分和能量严重失衡，直至枯萎。

　　这种症状的发生不仅仅出现在侧柏上，而且柏科的许多树种有类似现象的发生。其中包括龙柏（图88a）、扁柏（图88b）。一些舶来的观赏用柏科树种在灾害气象事件影响下易发生叶枯，甚至难以存活。在极端的干热台风袭击后，也会诱发柳杉、黑松和长叶松等自下而上的叶枯症状的发生（Wang，2009）。在夏季干旱和冬季低温寒潮的链接和叠加作用下，其影响的规模和范围更大。例如，2015年7月高温少雨、11月极端多雨之后11月底寒潮降温至−9.0℃到−12℃，引发山东鲁中南山地丘陵区黑松（图88c）和常绿阔叶树的叶枯。该事件中针叶枯萎严重、受害范围广、受害率高。然而，由于顶芽大多没有受伤，在2016年丰沛的雨季降水（济南7月降雨量400多mm）的缓解之下，大多数植株逐渐恢复过来。一年之后，待全部枯萎针叶脱落之后，其形态与严重叶枯病发生后的侧柏植株非常相似，均有典型的"秃脖子"的特征（图88d）。这一年同一个寒潮降温事件诱发了汉中柑橘的严重冻害（丁德宽等，2016）。类似的秃脖子症状也发生于北美洲针叶树常出现的"红带（red belt）"事件中。与黑松针叶夏季饱和蔗糖渗透胁迫相似（王斐等，2017），2006年秋季0613号台风袭击日本山口后，持续的高温少雨天气也可以诱发长叶松和龙柏的类似叶枯症状。归根结底，无论是冬旱还是夏旱，甚至焚台风，只要可以诱发松柏的水分和能量严重失衡，均可以导致叶枯症的发生。

图88　低温寒潮袭击诱发松柏树种叶枯的症状；a. 2015年11月低温寒潮引发的龙柏幼苗的叶枯症；b. 2019年陕西黄陵拍到的扁柏叶枯症；c. 2015年11月寒潮后黑松叶枯症；d. 2016年拍摄的黑松叶枯一年之后的特征。

2016年11月23-25日与2015年11月25-26日发生的寒潮降温极为相似，济南市极端最低气温降到-7.6℃，而邻近的莱芜市局部地区极端最低气温降到-10℃以下。值得注意的是除了少数常绿阔叶树种的叶片局部发生焦尖之外，2015年寒潮袭扰后受害冬青卫矛等常绿阔叶树种在2016年并没有出现明显的严重受害症状；2015年寒潮袭击之后大量、黑松针叶干枯脱落并且缩减了大量蒸腾表面积，而到了2016年寒潮袭击后黑松幼树和成龄树木却没有受害的迹象。显然，这些受害的秃脖子树在缩减掉大量冗余的针叶之后，表现出了对于后续极端气象事件之较高的抵御能力（图88d）。这意味着，偶发气象灾害诱发的适度枝叶枯萎对后续灾害的袭扰有某种免灾的作用，此类现象也适用于耐干旱瘠薄的松柏类树种。

尽管2015年11月寒潮过后山东省赤松大树（因近年来栽植较少而多为成年大树）并没有呈现严重的叶枯症状，但是经历2016年再次的寒潮袭扰之后，从2016年末开始在山东省鲁中南山地逐渐有成年赤松大树枯萎死亡，而且2017到2018年有逐年加重的迹象。2019年夏季在沂源毫山林场李沟林区赤松林，经树势分级后对树干施药孔进行热红外成像仪拍摄和解析，结果表明衰弱的植株其指温差明显偏低，也就是说，树干钻孔部位蒸腾蒸发水分的能力明显不足，存在明显的树液输导障碍（图89）。也就是说，此类受害木的

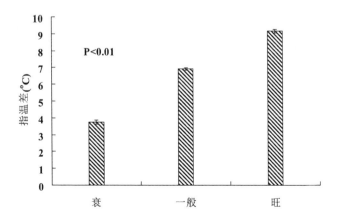

图89　山东沂源毫山林场李沟赤松主干注药孔之指温差测定比较；a. 衰弱木（衰）；b. 中庸木（一般）；c.优良木（旺）。

SPAC体系已经受到某种程度上的破坏，减少或停止流脂。一旦SPAC体系严重崩溃，树体枯萎死亡在所难免。

2015年11月的寒潮降温袭击之后，2016年按针叶叶色和枝叶枯萎的严重程度将黑松植株分为5级，然后经过树干打孔法观测受害程度不同的黑松植株之孔口指温差与树干流脂的长度发现，二者之间呈极显著的线性正相关关系（图90d，P<0.01）。这意味着，树干钻口蒸腾蒸发水分越旺盛树干流脂能力越强；反之，树干钻口蒸腾蒸发水分越弱树干的流脂能力越低。其中一些植株在遭受极端的寒潮袭击之后，因树干输导能力的衰减而逐渐干枯死亡。而另一些在维持水分和能量平衡的基础上，木质部输导能力逐渐恢复到正常水平，进而存活下来。

在极端气象事件袭扰以及各种胁迫因素的作用下，一些树木往往产生严重的分化。济南燕子山侧柏密林内不同活力［活（树势旺盛）、弱（树势衰弱）、枯（枯萎）］的植株之间其树干钻孔的孔口热温之间也呈现显著的差异（图90a，P<0.01）。银杏的街路树也因"栽植休克"以及立地条件不均而分化严重，一些植株常出现叶尖叶缘焦枯，另一些植株叶片极小，也有些植株生长正常且叶色浓绿。用生长锥钻取木芯并观测边材热温值表明，叶片绿色的正常植株其边材热温最低（图90b-正常），叶尖叶缘焦枯的植株热温居中（图90b-焦尖），而小叶植株长势逐渐变弱，边材热温最高（图90b-小叶，P<0.05）。显然，这些银杏街路树的树势与其边材热温或者说是边材输水能力关系密切。

在济南常见的女贞由于常遭低温寒潮和冬旱的袭扰而焦尖、落叶。久而久之一些植株树势衰退，冬季枝叶回枯严重，甚至逐渐干枯。经树干打孔观测孔口指温差值发现，树冠浓密而冻旱受害较轻的植株（图90c-密）、冬季落叶而春季又萌生新叶的植株（图90c-萌）以及春季难以萌生新叶而整株即将枯萎的植株（图90c-枯）之间的孔口指温差值差异显著（图90c，P<0.05）。显然，树体的SPAC连续体的栓塞、破坏或崩溃是这些树种分化和枯萎的根源。

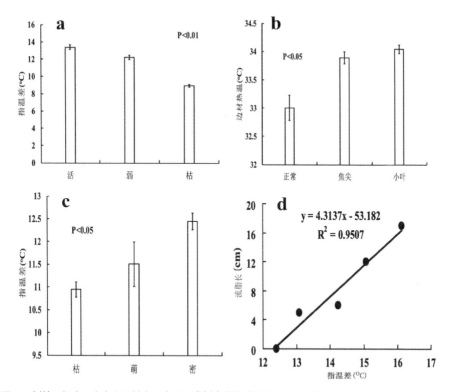

图90 侧柏、银杏、女贞和黑松衰弱木和正常树木的热成像检测；a. 侧柏；b. 银杏；c. 女贞；d. 黑松。

2015年11月的寒潮降温并未造成更加耐寒的侧柏严重伤害，尽管局部的树冠下部叶枯的现象较为常见。而2018年到2019年降水急转以及持续的四季干旱环境却诱发了济南周边石灰岩山地上侧柏单株的枯萎。尤其是中下坡密林中细弱的植株和受压的个体。在侧柏密闭的林缘内侧附近，一些植株之所以易于遭受极端气象环境袭扰的伤害这与林木内部的强烈竞争和严重分化分不开。

其中一些细弱的植株因机械组织欠发达、木质化程度低等在林地疏开的地方常发生弯曲或"倒伏"（图91a，91b）。这些植株结实量少或者不结实，表现出明显的冠形细长、枝叶大量冗余的幼态特征（图92b）。据Kozlowski（1976）陈述，柏科植物的小枝脱落大多发生在成熟植株上，柏科幼树少有发生小枝脱落的（图92a）。例如，北美崖柏（Thuja occidentalis）成年大树一般鳞叶紧密地附着在小枝上而不脱离，3年生小枝秋季常脱落。

一般而论，幼树除了没有开花和结果能力以外，与成年树的区别往往表现在叶形、叶的结构、插穗生根能力、叶片滞留习性、茎的解剖构造、长刺的特性以及花色素生成等等方面。不同植物间幼态维持的时间长短不一，有的不足一年，有的超过45年，甚至一生保持幼态。扁柏和崖柏属树种的幼树与成年树之间差异巨大以至于有人将其幼树误分类为Retinospora属。一度被用于观赏的Retinospora树木只不过是扁柏和崖柏的幼年阶段而已（Kozlowski and Pallardy，1997）。类似的习性和特征则成为侧柏幼树和细弱植株枯萎的内在原因。2019年济南燕子山枯萎的植株大多冗余大量的枝叶，即使已经枯萎的

图91　济南六里山和燕子山因修路疏开的侧柏林木表现出来的主干弯曲特征；a. 六里山；b. 燕子山。

图92　济南燕子山2019年春夏之际枯萎的典型侧柏植株；a. 山顶部枯萎的侧柏幼树；b. 山下防火道旁枯萎的侧柏细弱枝株；c. 一枯萎侧柏植株低矮的枝下高特征；d. 严重自然整枝的植株。

植株，其枝下高仍然非常低矮。笔者以90cm长的黑色书包带为参照，经图像测量比值法观测燕子山山顶某林窗2019年夏季枯萎植株（图92c）的枝下高不足200cm，与树高相比不足1/4。对于一些生长旺盛的萌生植株或者幼树其枝下高的高度甚至只有1/10树高左右（图92a）。也就是说山顶甚至山下防火通道周边的枯萎植株大多是这些树冠冗余过大的幼龄树木。这些植株大多在林窗或林缘内侧（图92a），自然整枝较少。相比之下，密林内部的侧柏植株自然整枝严重。树冠长度仅剩下不足1/4树高的植株枯萎者较少，甚至没有（图92d）。这进一步证明，侧柏的枯萎是降水急转事件和持续的四季连旱造成的。这些植株由于树冠冗余量大，水分和能量严重失衡而枯萎。

Kishi（1995）在研究松树枯萎病的文献中曾报道说："林地开发地带通过提高其温度而降低湿度进而提高其水分的蒸散。由于根系一时难以迅速增长，很容易发生水分亏缺，以至于树木易于枯萎死亡。在许多未发生松材线虫病的地区，许多松树在林地开发一到两年后枯死，而这些枯死树木大多位于林缘附近。然而，在松材线虫病的疫区，林地开发而致衰的松木之上松墨天牛的发生数量增多。在大规模开发的工地附近松材线虫病的危害更趋严重"。在松墨天牛常产卵的受压木、衰弱木上松材线虫病常有发生。受压木和衰弱木吸引松墨天牛成虫产卵，从而加速了松材线虫病的蔓延。因此，在大片林地内松材线虫病株常发生在林缘附近。

降水的戛然而止再加上持续干旱的协同作用，使得蒸腾表面过大的植株水分和能量的失衡，结果是那些树叶角质层尚未发育完善、特别敏感的苗木、幼树和受压木首先枯萎。"1912年发生在日本长崎的松树枯萎事件，经常枯萎的植株也是那些个体高、林缘和孤立的松树（Kishi，1995）。"2011年3月11日日本的大地震，使福岛等地遭受罕见的海啸袭击。在海岸内侧黑松防护林带内受害较重的同样是受压的小径级木和幼树（中村克典等，2012）。1930-1935年间的美国持续干旱期间，尽管有大量的阔叶树木枯死，而枯死的松树中绝大多数也是易于发生水分和能量失衡的幼松和松苗（Shirley，1934）。

王斐等（2017）应用比较气象学等手段通过东亚和北美以及欧洲等大地域松树枯萎事件的宏观分析表明，松树的大面积集中枯萎与这些地区特殊的气象环境和极端气象事件有关，最为突出的是夏季干旱和强台风的偶联。其机理在于松树树体遭受严重的水分和能量失衡。尤其是在全球气候变化的环境背景之下，此类事件有增加的趋势。这需要有更多的实证数据加以验证。2019年发生在我国长江中下游及其以南地区的松树和杉木枯萎事件则是一典型的事例。

　　我国华南地区，尤其是长江中下游的湖南、湖北、江西等地，往往易于出现梅雨过后的伏期干旱的气候。2019年7、8、9月持续的干旱少雨则更加突出，甚至是几十年不遇的事件（图93a）。以最典型的武汉为例，经历降水偏少的2018年夏、秋季节（是常年降水量的5成左右）之后，2019年上半年降水量明显偏多（约等于常年的1.3倍），尤其是4、5、6月份。而后的7、8、9月份降水急剧减少，不及常年的2成（图93b）。笔者以2019年7、8、9月降水量为分子、2019年4、5、6月的降水量为分母构建比值系数，并对我国长江以南诸省、市、自治区内各气象站点的比值系数进行地统计分析，结果表明，以武汉、黄冈、咸宁以及相邻的湖南东北局部地区等为最低比值系数区域中心（图93c，0.1-0.2之间）是这次降水急转事件的核心部位。其特点是上半年降水丰沛，下半年降水骤减，且经历严重的伏旱。

　　我国东南沿海省份往往在夏季的7、8、9月份遭受更多的台风袭扰。人们一般认为台风来袭时风雨交加，最为常见的台风灾害主要是风灾、雨涝灾和风暴潮灾害。然而，台风导致的另一类灾害目前并没有引起人们的注意，即台风引发的干热风效应。在气象灾害研究领域干热风大多被认为是我国北方地区春末夏初发生的、高温低湿且伴有一定风力的农业灾害性天气。干热风主要影响冬、春小麦的产量。台风大多伴随着暴雨的来临，一般认为台风雨是我国东南沿海夏季补充水分的重要途径。且成为这些地区农林作物茂盛生长的重要影响因素之一。尽管如此，台风往往因产生的时空和运行轨迹的异质性而使其周边风力和降水差异较大。时而还有"焚台风"的出现。在热带

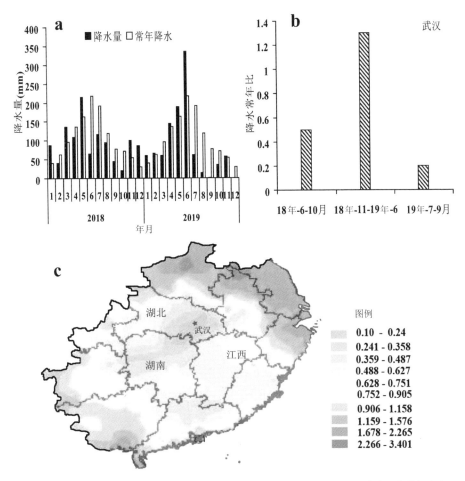

图93 2018-2019年湖北武汉的极端气象事件；a. 2018-2019年武汉的逐月降水量和常年降水量；b. 2018-2019年武汉不同时段的降水常年比；c.2019年中国东南部分省份各气象站点4-6月与7-9月降水量比值系数径向基地统计分析图。

狂风袭扰的同时并没有可观的降水发生。而且在台风风圈的弱侧部位降水鞭长莫及的地方，大风圈依然强盛者不足为怪。2019年台风利奇马就是一典型事件。台风利奇马始于2019年8月3日，8月10日登陆中国浙江，经上海、江苏和山东在渤海减弱为低气压（图94a）。该超强台风在浙江登录时的最大风力16级，风速52米/秒，中心最低气压930百帕（图94b）。登录后到8月11日中心抵达江苏境内时风力9级风速仍有23米/秒。在其巨大的风圈影响下，台风外

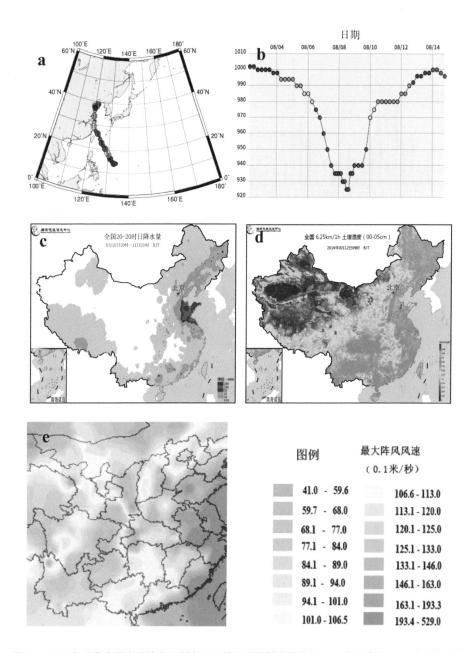

图94 2019年登录中国大陆的台风利奇马及其异质性影响的特征；a. 台风路径；b. 台风中心气压（百帕）变化过程；c. 8月10日20时到11日20时降水量（mm）分布；d. 8月12日表层土壤（0-5cm）含水量（mm³/mm³）分布；e. 8月10到8月11日最大阵风风速分布。

缘甚至波及安徽、湖南、湖北等地。湖北武汉周边，8月10日和11日，最高气温35℃-36℃，无降水（图94c），仍有10米/秒左右的最大阵风（图94b）。据国家气象中心发布的土壤表层水分分布图记载（图94d），在我国长江流域的武汉周边也出现明显的缺水。此类大风与持续的伏旱干热气候的叠加形成"干热风"效应（图94e），诱发了严重的农林作物的受害。

据相关报道，截至8月12日，由于局部降水偏少、蓄水不足及出梅后持续晴热高温天气，湖北武汉、黄石、十堰等13个市（州、直辖市、林区）40个县（市、区）211.21万人受灾，因旱需生活救助21.29万人；农作物受灾面积363.21千公顷，其中绝收面积28.76千公顷；直接经济损失13.76亿元。到8月下旬，湖北随州、孝感、黄冈等25个县（市）的高温日数位列历史同期第1，云梦等8县（市）的持续高温日数突破历史纪录。截止9月6日，湖北全省的干旱导致717.71万人受灾。同时，122座小型水库水位低至死水位以下，104条河流断流。2019年9月中下旬湖北随州、黄冈、咸宁大部维持特重气象干旱。这也导致湖北成百上千万亩以上农作物受旱，其中遭受重旱的作物为数很多。

此类极端气象事件的叠加也诱发了数十年不遇的松杉树木的成片枯萎。尤为突出的是湖北武汉周边的丘陵地区。据湖北咸宁、赤壁等地的实地调查，枯萎的马尾松和杉木中枝叶丰满、生物量冗余的幼树较多（图95a，95e）。这些幼树在经历2018年下半年的少雨季节之后，2019年上半年丰沛的降水有利于其贪青徒长，枝叶更加茂盛。在严酷的降水急转或戛然而止之后，这些松杉幼树水分供求失衡、能量代谢紊乱直至干枯死亡（图95b）。

相比之下，在一些密度较大的中成龄林分，过度自然整枝、林木只剩较小的树头。尽管发生少量的枝叶干枯的现象，几乎没有整株枯萎的发生（图95c）。显然是自然整枝减少了林木对于水分等资源的需求量，面临持续的高温干旱胁迫足以维持林木的水分和能量平衡。

不仅如此，在一些山丘的下腹及林缘，土壤肥厚、光照充足，更加有利于幼树的生长，结果是枯萎松杉植株往往率先发生在这些部位（图95d）。可以说这与2019年夏季济南燕子山侧柏林下部少量林缘木枯萎的事实如出一辙。进一步说明是罕见的极端气象事件及其叠加诱发树体水分和能量失衡，并导致这些常绿针叶树的整株枯萎（图95b，95f）。

　　除此之外，在这种极端气象环境的影响下，一些当地的常绿阔叶树种也处于不同程度的水分和能量失衡状态，诱发其光合叶面积缩减。在咸宁和赤

图95　2019年12月初湖北咸宁周边松杉树木枯萎特征；a. 赤壁市幼龄杉木干枯；b. 咸宁幼龄杉木枯萎；c. 严重自然整枝的中成龄杉木密林；d. 低丘下腹枯萎的杉木幼龄林木；e. 整株枯萎的马尾松；f. 干枯的马尾松单株。

壁时而可以见到树冠中下部叶片失绿黄化（图96a）或者变红（图96b）的常绿阔叶树植株。一些竹林呈现成片的干枯，在尚未全部枯萎的竹林内，也常看到叶片干枯脱落的光杆单株（图96c）。

在这些极端气象环境的作用下，一些更适应湿热气候的常绿阔叶树种也因水分和能量的失衡而发生局部叶尖叶缘的干焦，进而缩减了蒸腾表面积，

图96　2019年湖北咸宁周边极端降水事件引发的一些树木光合叶面积和蒸腾叶面积缩减的特征；a. 树冠下部失绿黄化的樟树树叶；b. 树冠下部叶片变红的常绿阔叶树；c. 半数干枯死亡的竹林；d. 叶尖叶缘焦枯的桂花树；e. 叶尖叶缘失绿黄化和焦枯的构树。

维持了树体的水分和能量平衡。例如：一些桂花树呈现明显的叶尖叶缘焦枯（图96d），构树在叶尖叶缘焦枯的同时逐渐向叶内部失绿黄化，呈现明显的蒸腾表面积和光合叶面积缩减的典型特征（图96e）。

如图93c所示，此次降水急转事件的中心分布在湖北武汉、黄冈、咸宁周边，而在临近的湖南省尽管同样也发生了降水的急转，然而其严重程度远不及武汉周边。以长沙为例，2018年6到10月降水量常年比为0.918，2018年11月到2019年6月的降水量常年比为1.02，2019年7-9月的降水量常年比为0.585。显然，这种促进松杉类树木速生徒长、枝叶过渡冗余的条件远不及武汉及其周边地区更加苛刻。而且伏期降水波动变化的程度也较为逊色。因此在湖南境内经常看到的是局部松杉树木的枯萎。成片的林木干枯较为少见。相比之下，到了广东境内则仅仅是偶尔可见松杉单株的枯萎。不仅如此，此次典型的降水急转事件，同样诱发湖北和江西等一些常绿阔叶果树如柑橘等的大量落果、甚至枯萎。也有一些茶园遭受严重焦叶危害。

此类发生在长江中下游流域及其以南的松杉树木枯萎事件与前述我国华北地区柏科植物（侧柏等）在降水急转环境中发生的整株枯萎非常相似。其机理是在降水急转的过程中因前期的贪青徒长为后期提出了过量的水分供应需求，在降水戛然而止的前提下树体发生严重水分和能量失衡。二者的显著差别则在于南方水分和热能充足，气候变化更加剧烈，树木生长迅速，事件的发生更加短暂，甚至可以发生在同一个生长季内。而北方的松柏树种，生长缓慢、往往需要经历更加严苛的冬季干冷环境才发生严重的水能失衡和植株枯萎。而且这类事件发生的频次和数量也较少，以至于很少能引起人们（甚至业内人士）的注意。另一方面，南方伏期气温高、热能充足，干枯的松杉树木针叶叶色更加浓重（以棕红色为主）。相比之下，北方低温环境诱导的松柏干枯植株其针叶叶色更加浅淡（以褐色为主）。相对应地在湖北等地还表现在马尾松幼苗紫化，落叶阔叶树秋季叶色更红等等（王斐等，2017）。事实上此类紫化现象在许多植物遭遇干热等严重环境胁迫时时而也会出现，如遭受严重干旱的芦荟幼苗。诸如此类事实也间接为前述水分和能量失衡下花色素的形成及其机理提供了第一手的实证材料。

3.4.2 极端气象事件的叠加与侧柏松毛虫的发生

3.4.2.1 极端气象事件的叠加与虫害爆发的关联性

多年生木本植物生命周期长、空间结构复杂。受立地和环境条件影响的持续性增加了其表型特征解析的难度和复杂性。气候的波动性规律决定了周期变化的特征，长期持续的偶发事件或许会诱发对长寿的多年生树木的深刻影响。一些极端环境的时间和空间效应的累加导致间接和潜隐性受害事件的发生。如前所述，一些果树往往在长周期的气象干旱的转折期易于遭受接续的寒潮降温的伤害。而侧柏松毛虫的爆发往往也是这种长周期气象干旱中诱发的事件。

树木的健康状态与其内在生长状态和外界环境影响密切相关。一般情况下生长状态欠佳、树势衰退、老龄衰弱的个体往往易受病虫害的侵袭，在极端气象环境中也易于遭受胁迫而受害。树体衰退常导致多种多样的甚至是相似的次生性病虫害。同样是叶枯病不同的研究人员因研究的时间地点和对象的差异常鉴别出不一致的病原菌，如侧柏叶枯病（戴雨生，1997；明洁，2016）。或许在持续的深入研究中会有更多的病原被鉴定出来，因为在衰退的植株上往往可以有多种寄生菌发生。然而，一些生长健壮的幼龄植株的快速枯萎不仅难以鉴定出病原菌的侵染（柳惠庆等，1995），其受害的限制性因素识别也五花八门，难以统一。

众多的气象因素往往通过影响树体的生长状态作用于树木本身，且有一个滞后的过程。无形中增加了因果关系解析时的复杂性和难度。也是众多学者分析侧柏枯萎成因时易于忽略的重要因素。但是不可否认极端气象环境常成为树木枯萎的诱发因素（王斐等，2017）。一方面，极端气象事件构成的灾害链往往对于已经衰退的树木个体是致命的；另一方面，在夏季7月雨热同季期间，超强降水等有利生长的环境条件下，由于树木过快生长而产生的抗性减弱往往成为急转直下的极端恶劣环境致灾的前提（Daubenmire，

1959）。

中国的林学先驱陈嵘在20世纪40-50年代针对我国日本黑松的研究中表明，此类树种对极端灾害性气象环境具有独特的适应方式；在遭受强台风和干旱等袭击后受害较迟，一旦受害而又受害较重，甚至整株枯萎（陈嵘，1952）。松柏类树叶的发达角质层发育和超强的保水能力，使得它们的水分和能量失衡明显地滞后。而这些树种同样存在从下而上的蒸腾表面积缩减、进而维持水分和能量的平衡。然而在一些更加急迫的极端环境事件发生时，整个SPAC体系和输导结构在尚未作出响应之前迅速崩溃，以至于发生整株的枯萎，尤其是那些蒸腾表面大量冗余的幼树和幼苗。一些生长季节罕见的有利条件无不增加了这种冗余的范围和规模，以至于在应对灾害链接的过程中处于超敏感的状态，并成为诱发叶枯病的内在前提。因此适度的健康经营，维持树体长期持续的水分和能量的平衡至关重要。

在山东省境内，尽管侧柏病虫害有侧柏松毛虫、侧柏毒蛾、红蜘蛛、双条杉天牛、柏肤小蠹、侧柏叶枯病（干枯病）等许多种，然而，在山东省这些侧柏病虫害并未成为发生面积大、危害严重的林木病虫害（山东省地方史志编纂委员会，1998）。尽管在20世纪80年代末到90年代初有侧柏松毛虫、侧柏毒蛾等食叶性害虫的短期爆发，其危害相对较轻，进入21世纪以来数量迅速下降到有虫不成灾的程度（山东省地方史志编纂委员会，2010）。像侧柏红蜘蛛、侧柏松毛虫和侧柏毒蛾等食叶性害虫，在有虫不成灾的适度范围内甚至有益于侧柏林木应对极端灾害性气象事件。就侧柏红蜘蛛等危害的特征而言，危害时先树冠下部、后上部，先小树后大树，春天越干旱发生越重。所以，在一定程度上有助于树体缩减蒸腾表面积、减少因树冠表面过度冗余而造成的整株受害。

事实上，在我国侧柏松毛虫等害虫大发生的年份，在1992年全国一年四季均有旱灾发生的条件下，华北棉区7月份大部受旱，第二代棉铃虫极度大爆发（陈洪玲，1993）。发生量约为以往20年之总和，早发棉田严重受害（盛承发，1993）。鲁、豫、冀三省受害最为严重，黄铃期间棉铃虫害久治不下

（张雄伟等，1993）。1992年冬季至1993年春季青海省降水偏少，草场受到虫害的严重侵袭（王薇娟，1993）。1992年美国棉花虫害损失同样严重（王淑民，1993），这一系列事例进一步说明此类虫害爆发与降水量等极端气象环境关联的普遍性（张鹏霞等，2017）。1992年也是山东省侧柏松毛虫爆发的年份，受灾面积率近50%。

黑光灯对危害水稻、小麦、玉米、高粱、棉花、甘蔗、茶和果树等农作物的害虫有显著的诱杀效果。用树枝把诱蛾在我国是防治棉铃虫的重要技术之一。杨树、枫杨、香椿、臭椿、垂柳、（肖春等，2003）等树枝把诱集棉铃虫产卵雌蛾等大量的事实表明，昆虫，尤其是一些爆发性害虫往往具有选择衰弱植株、器官和组织进行产卵的习性，其中包括松干蚧、石榴绒蚧、紫薇绒蚧、四照花蚧壳虫，柏肤小蠹、双条杉天牛等等（王斐等，2015）。被认为诱发严重松材线虫病的松墨天牛，其成虫也产卵于生长势衰弱或新伐倒的枝干上（张心团等，2004）。饵木法可诱杀蛀干害虫的事实也间接说明极端干热的环境诱发植物体水分和能量代谢失衡，这种特殊的状态对昆虫尤其是爆发性害虫的产卵、幼虫取食选择倾向具有明显的诱惑力。

虫害的大爆发预示着植物生态适应性与环境条件之间的分歧。在松柏类古植物中，含原花青素的缩合丹宁，这种物质能抑制动物消化酶而避免植食性动物的危害；这种丹宁物质的作用在于干扰昆虫在肠道内的消化，其较小分子量能透过动物的细胞膜而到达作用场所（钦俊德，1987）。相对于多年生木本植物而言，短命植物中此类丹宁物质较少，这成为侧柏等长寿裸子植物的虫害较少的依据之一。我们在大量的松针和侧柏鳞叶花色素苷提取试验（王斐等，2017）中证明了干燥脱水的过程中原花青素的聚合和花色素的形成；因此，松柏类树木干旱脱水过程中有抗虫性降低的趋势。Islam等（1997）认为从赤松提取的D-儿茶素与某些未知成分混合，可刺激松墨天牛产卵，若D-儿茶素单独则无作用。这些殊途同归的研究结果共同指向树体的内部变化是病虫爆发的根源。此时也是植物群落需要大幅缩减蒸腾表面以维持其水分和能量平衡的时刻。此类寄生虫与寄主之间的契合或许正是动、植物长期共进化的直接结果，也是我们维持生态平衡的潜在理论依据。

降雨的多少影响到温、湿度的高低，直接影响松毛虫的生长发育，同时通过寄主植物、寄生菌等间接影响松毛虫的发生。松毛虫幼虫对食料的酸度反应较为敏感，松针酸性强会使幼虫衰弱，抗病力降低。阴雨天气能提高肥沃土壤上生长的松林之针叶的水分和酸含量，不利幼虫生长。干燥而暖和的天气，瘠薄土壤上生长的松林针叶的水分和酸含量降低，糖分含量增加。幼虫肥度和抗病性增加，从而加速幼虫的生长和发育（侯陶谦等，1979）。

在当代农林作物生产经营过程中，防治病虫害是其中一项重要的经营管理措施。然而，许多昆虫或"有害生物"的有害（危害）是相对的。昆虫在地球上毕竟已存在3亿多年。早在人类出现之前，昆虫就与植物共存于世，它们之间的关系历经长期的自然选择，表现出不同程度的相互适应。昆虫取食不等于为害，为害不等于损失。认识到这一点，有助于转变有虫必有害的传统观念。甚至有人认为，在一定程度上昆虫的取食在未来的生长过程中具有超补偿作用（盛承发，1993）。

盛承发等人（1993，1990）从农作物产量分配平衡的角度提出了植物的冗余问题，尽管这种理论是否适用于以木材为生产目标的用材林和以环境保护为目标的防护林树种仍存在不确定性，但是植物本身存在的这种可塑性的确是不容忽视的。适度的平衡调节有利于作物和植物的资源再分配，也有利于实现对环境胁迫的抗性增强。另一方面，植物氮肥过剩、水分过多、贪青徒长和二次生长等等不适当的冗余常造成代谢失衡，成为植物抗逆性的累赘，在一定的时空范围内是逆境受害的根源之一（Daubenmire，1959）。在松毛虫的防治中，不合理的化学防治，往往防治不彻底、存在年年施药年年松毛虫发生为患的现象。甚至化防杀伤天敌，诱发潜在的松干蚧猖獗，使大面积松林死亡。更进一步而言，在有虫不成灾的范围内，化防大量消灭松毛虫，削弱了毛虫缩减蒸腾表面积的作用，这或许是近年来叶枯病发生的原因之一。有些松树整株枯萎可能是针叶表面积扩大、冗余以及由此造成的水分和能量代谢失衡的结果。

Allen（1955）曾发现将定植后的长叶松针叶剪短至12.5cm，结果降低了死亡率。有试验研究表明摘取25%松针不足以对赤松树体造成伤害（范迪等，1987）。修枝特别是全面修枝直接增加其根茎比，减少器官或组织之间的资源竞争，提高了景观树应对强台风和极端气象事件的能力（王斐等，2011）。有侧柏的摘叶试验研究表明，5-6月份全部摘除侧柏树叶后，当年均能萌生新叶，2年内无死树现象的发生。平均每株树有虫20头不足以对侧柏造成严重危害（陈树良等，1996）。在侧柏林中保持有虫不成灾的状态，本身是一种维持生态系统平衡的近自然经营理念。侧柏等树种的食叶性昆虫既有吞食光合作用器官、减少生物量的一面，又有通过缩减蒸腾表面积来减少其水分的消耗以维持其水分和能量代谢平衡的一面，尤其是在极端气象灾害发生时。例如，一些植物所受的放牧伤害在干旱周期内加重，伤害的叠加使它们难以承受。另一方面，植物在连续放牧的过程中使植株变小，从而增加了抗旱性……（钦俊德，1987）。因为小形植物体在干旱周期内只需要相对较少的土壤水分。也就是说，在某种情况下，适度放牧和昆虫食叶后，因蒸腾表面积的缩减而增加其抗旱能力。这本身也是一种免灾效应的体现。

侧柏耐干旱瘠薄，一般情况下栽培的立地条件相对较差。在山地陡坡、山颠、土层厚度小于15cm的石灰岩裸岩山地常栽培大量的侧柏生态林分。侧柏抗逆性强，在山东省过去的栽培历史中，与日本黑松和赤松相比，毁灭性病虫害大发生的事件相对较少。但是，在侧柏生态林的培育过程中，往往因立地条件差而易遭受气象灾害的袭扰，进而产生弱势个体或群体。在一些极端恶劣的环境中，如裸岩隙地、卧牛坑地、石渣地等等，一些个体因水分、养分和能量的失衡而处于亚健康、濒枯状态。寄主的衰弱为一些弱寄生病菌和弱寄生虫创造侵染的机会和条件，像叶枯病菌、柏肤小蠹、双条杉天牛等蛀干害虫以及侧柏红蜘蛛等，结果在一些极端气象及其叠加事件发生的年份或发生以后，在局部区域或地块偶有病虫危害的爆发，如侧柏松毛虫或双条杉天牛的发生等。

3.4.2.2　侧柏松毛虫爆发的时间变化

Kramer（1983）曾表示"有证据表明，寄生在树干内皮和外木质部的蛀干害虫对针叶树的侵害在干旱季节比水分胁迫较轻的湿润季节更加严重。Vité（1961）表示，美国黄松遭受水分胁迫的个体比供水良好的个体更加易于遭受蛀干害虫的侵害。Ferrell（1978）报道，云杉八齿小蠹一般难以侵害树木，除非树木水势低于-1.5Mpa。Lorio和Hodges（1968）发现，火炬松对树皮甲虫的敏感性受水分胁迫持续时间的长短和严重程度的影响。水分充足的树木呈现的高脂压或许不利于蛀干害虫的侵入"。

　　侧柏主要食叶害虫侧柏松毛虫和侧柏毒蛾的大规模爆发和成灾往往也与极端气象事件的叠加相关联。在山东省，早在20世纪40年代就有侧柏松毛虫发生的记载（淄博市志编纂委员会，1995），由于建国前期侧柏林木稀少、分散分布，病虫害的爆发较为少见（济南市志编纂委员会，1997）。20世纪50年代，有报道称伴随着成片侧柏纯林的营造侧柏松毛虫等虫害爆发事件开始出现（方德齐，1980），其中长清大峰山受灾面积853.3公顷。20世纪60年代伴随着长期降水量平均值的逐年走高，山东省整体上受害变轻。20世纪70年代末期再一次降水低谷期出现之后开始出现成片的松毛虫为害。在20世纪80年代伴随着持续的降水偏少和干旱的叠加（图97b），山东省境内黄河断流，湖泊干涸，旱灾严重，侧柏松毛虫等食叶性害虫开始集中爆发。济南市1980-1981年侧柏松毛虫受害率达74%，1984年长清县大峰山侧柏有虫株率达95%，单株最大虫口密度279头。经历1989年历史上最低的10年平均降水量低谷期之后，济南市及其周边侧柏松毛虫集中爆发，并于1991年出现最高峰值。当年山东省侧柏松毛虫发生面积达5.253万公顷，占全省侧柏林的50%以上。此后，10年周期的平均降水量持续走高，侧柏松毛虫发生面积持续减少，近年来侧柏松毛虫的发生面积越来越少，直至没有松毛虫危害的痕迹。

　　纵观济南市1951-2011年的逐年降水变化趋势，曾出现过几次明显的降水低谷期，最为突出的10年平均降水量低谷值发生于1960、1974和1989年。据相关记载，这些年份曾爆发侧柏松毛虫。1987年8月26日之前著名的趵突泉干涸达14个多月。秋季集中强降水和初冬寒潮的提前来袭等等极端气象事件的链接诱发黑松枯萎、果树枯死等灾害，也伴随着侧柏松毛虫、侧柏毒蛾等食叶害虫的大发生。1987年侧柏林被食叶害虫危害达6666.7公顷，山东省侧柏松毛虫有虫株率从17%到100%，单株有虫最高达250头。1989年8月中国发生更大范围的高温少雨的极端气象事件期间，北京8月份的降水常年比为0.43。经历1988年的干旱年份之后，1989年山东省遭遇历史上罕见的特大干旱，受旱面积大，持续时间长，灾情严重，是邻近70年少有的。全省年平均降水量449mm，较常年偏少36%。汛期（6-9月）全省平均降水量305mm，较常年偏少41%。尤其是7月下旬到8月中旬的30多天里，全省平均降雨量仅49mm，比常年同期偏少74%。最大受旱面积422.53万公顷。大小河流干涸，南四湖、东平湖分别在1988年和1989年干涸。省会济南的降水量几乎是50年来的最低。由于20世纪80年代连续干旱，烟台地区沿海防护林的黑松自龙口、招远、莱州、蓬莱等市、县出现单株和成片死亡，受灾面积3666.7公顷，严重受灾的片林226.7公顷。莱州市过西镇有一片黑松防护林死亡率达60%。龙口林场黑松死亡达40%（山东省地方史志编纂委员会，1998）。在持续和叠加的干旱胁迫作用下，侧柏松毛虫的数量不断累积，直至大爆发。

1992年山东全省1-7月份平均降水量128mm，较常年同期偏少52%，其中5月上旬到7月上旬全省平均降雨量仅34mm，比常年同期偏少84%，系过去65年不遇的灾害事件。而且此类大范围的干旱事件与1991-1992年侧柏松毛虫在全省集中爆发的峰值相吻合。1991年全省侧柏松毛虫发生面积接近山东侧柏林分的一半。1992年全省侧柏松毛虫发生面积达1.77万公顷（图97c）。1993年侧柏毒蛾危害依然严重，济南燕子山林场最多的一株侧柏毒蛾幼虫和蛹达7337头。侧柏松毛虫猖獗时可将鳞叶食光甚至啃食嫩枝树皮。连续多次受害后枯死率可达10%-20%。显然，此类食叶害虫的爆发与极端干热环境有关，尤其是多年平均降水稀少和干旱等灾害气象事件的叠加效应。为此，我们应用山东省各地1951-2015年期间的年度和逐月降水量资料计算前10年平均降水量，见公式6，

$$P10y_i = \sum_{j=i-1}^{j} x_j / 10 \qquad (6)$$

其中，P10y_i是第 i 年的10年平均降水量，i = 1955，…，2015；j = 0，−1，…，−9，x_j是第 j 年的降水量。

结果表明，侧柏松毛虫发生面积与10年平均降水量之间呈显著的反函数相关关系（图97d）。事实表明，持续的干旱叠加等极端环境胁迫诱导的亚健康状态才是食叶害虫爆发的基础。应用热红外成像检测技术，观测树冠浓密的优势木和枝叶稀疏的衰弱木的结果表明，后者的指温差值明显较低（图97a），而且与树干流脂的能力密切相关。有研究结果表明在干旱的山

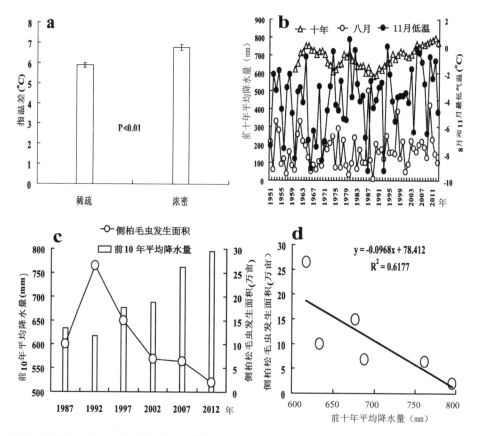

图97　极端气象环境、侧柏树木分化和侧柏松毛虫发生量；a. 济南燕子山分化衰退木（稀疏）和优势木（浓绿）之间热温差的对比；b. 济南60多年来（1951−2013）前10年平均降水量（十年）、8月份降水量（八月）和11月极端最低气温的移动曲线；c. 1987年到2012年期间（每隔5年）前10年平均降水量和侧柏松毛虫发生面积的变化趋势；d. 前10年平均降水量与侧柏松毛虫发生面积的相关关系。

脊、山梁和阳坡侧柏松毛虫和侧柏毒蛾发生数量多、危害重，而在阴湿的
沟、谷和阴坡受害少而轻。不仅如此，在更加广阔的地域内，同样表现出侧
柏食叶性害虫发生的空间异质性。

3.4.2.3　侧柏松毛虫爆发的空间变化

以山东省为例，首先对山东省侧柏林分进行了区域划分，应用ARCGIS地
理信息系统（ArcGIS9.3）将山东省地形地貌（图98a）、岩石（图98b）、土
壤（图98c）、气候（图98d）和侧柏资源分布状态矢量化于山东省县界地图
之上。

在此基础上，参照降水量、干燥度及其等值线、中国林业区划线、山东
省林业区划线、山东省气象灾害区划线、山东省土壤区划线等。依据侧柏资

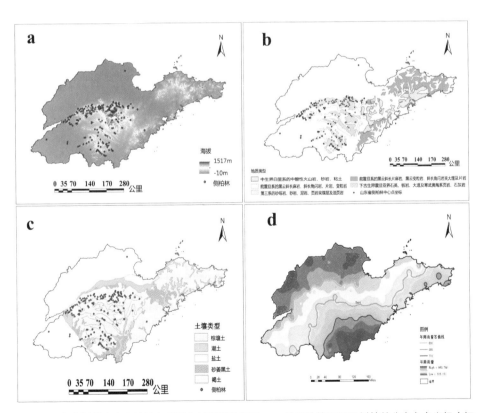

图98　山东省侧柏生态公益林主栽区自然环境特征图；a. 地形地势图以及侧柏林分中心点坐标（红点）；b. 主要岩石类型图；c. 主要土壤类型图；d. 降水量（mm）分布图。

源分布的区域变化特征，经绘制这些因素的交集，应用叠加法依据侧柏资源分布状况首先将侧柏林分为三类，分别是集中成片栽培区（约占侧柏林面积的78.0%）、分散成片栽培区（20.3%）和零星绿化栽培区（1.7%）。其中零星栽培区包括鲁东丘陵侧柏零星栽培区（图99-IV）和鲁西、鲁北平原侧柏零星栽培区（图99-V）；分散成片栽培区囊括沂山东侧、尼山周边和泰徂蒙山地侧柏栽培区域（图99-II）。而集中成片栽培区又包括鲁南低山丘陵集中栽培区（图99-I）、鲁西、鲁北山地集中栽培区（图99-III）。在侧柏零星栽培区（分区IV和V）内，侧柏松毛虫等虫害几乎没有记载和统计。侧柏资源分布较为分散，病虫害的爆发较为少见。本研究重点在集中栽培区（分区I和III）和分散成片栽培区（分区II）收集资料并统计计算。

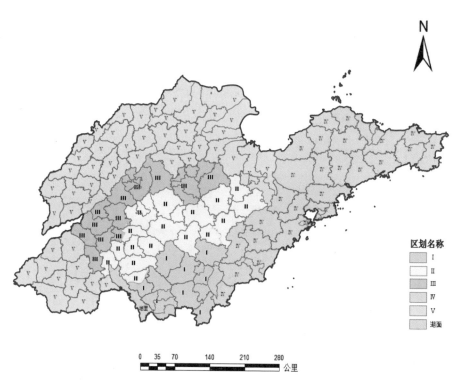

图99　山东省侧柏林区域划分图，Ⅰ和Ⅲ为集中栽培区，Ⅱ为分散成片栽培区，Ⅳ和Ⅴ为零星栽培区。

其次，笔者应用各地历史资料量化综合评定指数对主要虫害的发生次数进行分区综合评价，侧柏病虫害数据来自山东省内侧柏主栽区各县、市、区志的记载，有记载则计数为1，没记载计为0。然后按公式7统计虫害综合指数，

$$PI_i = \sum_{k=1}^{n=i} \sum_{j=1}^{5} x_{kj} \tag{7}$$

其中，PI_i是第 i 侧柏栽培分区的虫害综合指数，$i = 1$，2，3；$n_1 = 1$，2···；$n_2 = 1$，2，···；$n_3 = 1$，2···；x_{kj}是第 k 县/市/区，第 j 种虫害的计数值。

结果发现在山东省不同侧柏分区（王斐等，2016）之间，水热条件较为优越的鲁南侧柏集中栽培区，很难在各县、市、区志中看到侧柏松毛虫等危害的记载；而在鲁西和鲁北分区内不仅虫害发生的种类较多，而且爆发的次数和受害程度均居前列；其余分区受害程度介于中间的事实也表明侧柏虫害发生与这些地区的水热资源条件关系密切（图100a）。

另外，依据山东省侧柏松毛虫发生面积统计数据进行分区统计计算，结果与上述侧柏综合指数值具有非常相似的变化趋势（图100b）。依据中国国家气象数据网已有的气象站点数据，按分区统计1981–1990年侧柏松毛虫爆发期间的降水总量。结果是鲁南集中栽培区Ⅰ、鲁西北集中成片栽培区Ⅲ和鲁中分散成片栽培区Ⅱ的降水总量与这些区域侧柏松毛虫的虫害综合指数和发生面积数之间有较为吻合的变化趋势（图100c）。

从根本上而言，保护侧柏生态林免遭枝干和叶部病虫害的严重危害的重要途径仍然是维持其健康和抵御自然灾害的能力，风调雨顺和相对湿润的环境往往与虫不成灾相向而行（图101）。在鲁南集中栽培区，侧柏林木生长相对旺盛、林地更新状况较好，异龄结构的林分较多，冠形良好、病虫爆发也较少。到目前为止鲁南集中栽培区尚未有侧柏松毛虫严重爆发的记载。

在持续的水分和能量失衡状态下，松柏类树种合成树脂等具有抗病、抗虫活性的萜烯类物质的能力也较弱。与此同时，干旱伴随的高温、低湿的大气环境常有利于害虫的生长和发育。在鲁北侧柏集中栽培区，极端气象事件

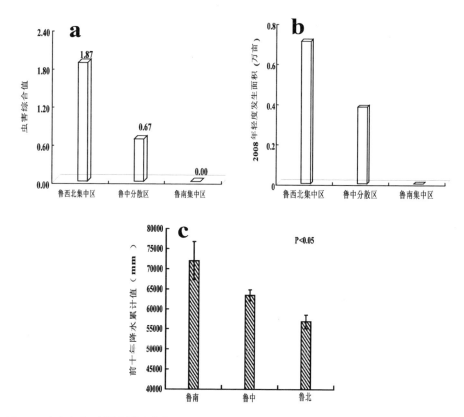

图100　山东省分区域的侧柏虫害综合值和侧柏松毛虫累积发生面积（2008-2014年）统计值；a. 鲁西北侧柏集中栽培区、鲁中侧柏分散栽培区和鲁南侧柏集中栽培区虫害综合指数值；b. 鲁西北侧柏集中栽培区、鲁中侧柏分散栽培区和鲁南侧柏集中栽培区2008-2014年期间侧柏松毛虫累积发生面积；c. 按分区统计1981-1990年期间的降水总量。

发生较多、气候相对干旱、侧柏林木生长相对缓慢、林地更新状况欠佳，异龄结构的林分较少，侧柏松毛虫爆发较多。如前所述，在一些集中爆发的虫窝，甚至可以导致局部的林木枯萎。在持续的水分和能量失衡状态下，松柏类树种合成树脂等具有抗病、抗虫活性的萜烯类物质的能力也较差，虫害易于爆发。

　　因此，我们要做的是如何尽可能地减缓极端的环境胁迫对树体本身造成的伤害，而不是头痛医头、脚痛医脚。在防治侧柏病虫害策略中，更多地强调栽培和抚育措施的作用。通过林分近自然的健康经营，防患于未然。

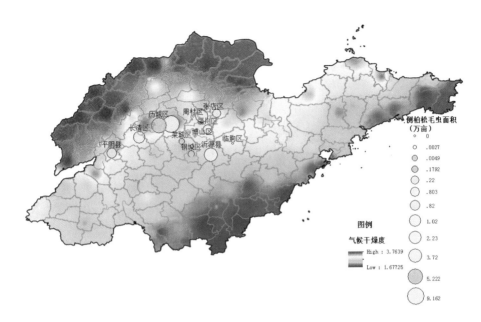

图101　山东省侧柏松毛虫累积发生面积图；2008-2014年期间侧柏松毛虫累积发生面积的空间分布
（彩色园）与对应的区域干燥度分布图（底色）。

参考文献 ╌╌╌╌╌╌╌╌╌╌╌╌╌╌╌╌╌╌╌╌╌╌╌╌╌╌╌╌╌╌➤

Allen R.M. Foliage treatments improve survival of longleaf pine plantings［J］. Journal of Forestry，1955，53：724-727.

Canny M.J. Tyloses and the maintenance of transpiration［J］. Annals of Botany，1997，80：565-570.

陈洪玲.1992年全国自然灾害概况［J］.《中国减灾》，1993（2）：10-11.

陈嵘.造林学概论［M］.南京：中国图书出版社南京分社，1952，136-139.

陈尚谟，黄寿波，温福光.果树气象学［M］.北京：气象出版社，1988，54.

陈树良等.侧柏主要食叶害虫综合防治技术研究［R］.科研成果报告，1996，32-36.

陈正洪，杨红青，倪国裕，李祥瑞，姜金生.湖北省91/92　柑橘大冻区域差异［J］. 华中农业大学学报，1994，13（3）：306-309.

戴雨生.侧柏叶枯病：袁嗣令.中国乔、灌木病害［M］.北京：科学出版社，

1997，85-87.

Daubenmire R.F. Plants and environments［M］. John Wiley & Sons，1959，183-188，266-271.

丁德宽，饶文轩，敖义俊，张波. 2012年陕南柑橘冻害诱因及因应对策［J］. 中国果业信息，2013，30（5）：17-22.

丁德宽，邓家锐，敖义俊，肖伟华. 2016年初汉中柑橘冻害及冻后恢复的调查与思考［J］. 中国果业信息，2016，33（9）：1-12.

董朝菊. 美国佛州柑橘遭受严重冻害［J］. 中国果业信息，2010，27（1）：30.

冻害调查组. 1976-1977年冬春柑橘冻害调查［J］. 柑橘科技通讯，1978，1078（1）：1-7.

Fahn A. Plant Anatomy（fourth edition）［M］. Pergamon press，Oxford，1990，262-263.

范迪等. 赤松毛虫综合防治技术研究［R］. 科研成果报告. 1987，36-38.

樊高峰等. 浙江省气象灾害防御规划研究［M］. 北京：气象出版社，2011，24-29.

方德齐. 侧柏松毛虫生物学特性的初步研究［J］. 昆虫知识，1980（5）：211-212.

Ferrell G.T. Moisture stress threshold of susceptibility to fir engraver beetles in pole-size white fir［J］. Forest Science，1978，24：85-92.

付景华，苟红敏，饶文轩，李永平. 城固柑橘冻害发生特点及抗冻栽培对策［J］. 现代农业科技，2009（10）：69-70.

龚志强，王艳娇，王遵娅，马丽娟，孙丞虎，张思齐. 年夏季气候异常特征及成因简析［J］. 气象. 2014，40（1）：119-125.

Guidi L，Degl Innocenti E，Remorini D，Massai R，Tattini A. Interactions of water stress and solar irradiance on the physiology and biochemistry of Ligustrum vulgare［J］. Tree Physiology，2008，28（6）：873-883.

禾本. 埃及柑橘业快速发展［J］. 中国果业信息，2015，32（12）：31.

何天富，谢治银. 1991年全国柑橘生产统计［J］. 中国柑橘，1992，21（4）：6.

衡文华，苏龙安，王来福. 汉中柑橘冬春枝叶干枯原因及其对策［J］. 柑橘与亚热带果树信息，2003，19（6）：24-25.

衡文华，魏高艳，张义民. 2012年冬季汉中柑橘冻害调查与思考［J］. 中国果业信息，2013，30（2）：6-11.

Horsfall J.G. Iatrogenic disease［A］：Mechanisms of action. In Horsfall J.G.. and Cowling E.B ed.：Plant Disease-An advanced treaties（Volume Ⅳ）：How pathogens induce disease［M］. New York，Academic Press，Inc.，1979，1-21.

侯陶谦，吴钜文.松毛虫的综合防治.中国科学院动物研究所主编《中国主要害虫综合防治》［M］.北京：科学出版社，1979，370-400.

黄寿波.近年来我国柑橘逆境伤害指标研究的某些进展[J].浙江柑橘，1994（3）：8-10.

Iljin W.S. Drought resistance in plants and physiological processes. Annual Review of Plant Physiology［J］.1957，8：257-274.

Islam S. Q.，lchiryu J.，Sato，et a1．D-catechin：an oviposition stimulant for the cerambycid beetle. Monochonits oIterrtatus From Pinus densiflora［J］．Journal of Pesticide Science，1997，22（4）：338～341.

Itamoto T. Plant physiology（volume 1）［M］. Tokyo：Shokabo，1958，213-214.（In Japanese）

济南市志编纂委员会.济南市志［M］.北京：中华书局，1997，484-488.

江爱良.试论我国柑橘冻害的天气型［J］.中国农业气象，1979（00）：48-57.

江爱良.柑橘的生态气候和我国亚热带山区的柑橘栽培问题［J］.生态学报，1981，1（3）：170-207.

江爱良，陈尚谟，施国雄，霍文义.柑橘雨淞冻害试验[J].中国柑橘，1983（4）：1-4.

江爱良，陈尚模，施国雄，霍文义.阴冷雨淞型柑橘冻害试验初报［J］.中国农业气象，1982（3）：28-31，46.

江山，张吉昌，廖兴茂，张建平，丁文.汉中柑橘生产发展回顾与展望［J］.现代农业科技，2015（8）：121-122.

Jones H.G. Plants and Microclimate，a quantitative approach to environmental plant physiology［M］. Cambridge University Press，London，1983，201-203.

Jones HG. and Leinonen L. Thermo imaging for the study of plants water relation［J］. J. Agric. Meteorol.，2003，59（3）：205-217.

Kishi Y. Forest pest No.1: The pine wood nematode and the Japanese pine sawyer[M]. Thomas Company Limited，Tokyo，Japan. 1995，43，48.

Kozlowski T.T. Water supply and leaf shedding［A］，In "Water deficits and plant growth, vol. 4［M］，（T.T. Kozlowski, ed.），Academic Press，New York，1976，

191-222.

Kozlowski, T.T., Pallardy, S.G. Physiology of woody plants [M]. Academic Press, San Diego, 1997, 122, 263-266.

Kramer P.J. Water relations of plants. Academic Press [M], New York, 8-9. 1983, 359-372.

Kramer P.J. and Kozlowski T. T. Physiology of trees [M]. McGraw-Hill Book Company, INC, New York, 1960, 826-830.

孔树森, 张帅, 王春林. 张家口市 1993 年冬 -1994 年春果树冻害调查 [J]. 北方园艺, 1995 (1): 39-41.

Larcher W. Physiological plant ecology [M], translated by M.A. Biederman-Thorson. Springer-Verlag Berlin Heidelberg New York, 1975, 209-211.

Lange O.L., Kappen L. and Schulze E-D. Water and Plant Life [M], Springer-Verlag, Berlin Heidelberg, 1976, 492-503, 143-145

廖玉芳, 潘志祥等. 湖南雨凇 [M]. 北京: 气象出版社, 2011, 4-7.

廖玉芳, 张剑明, 蔡荣辉, 陈湘雅. 湖南主要气象灾害 [M]. 长沙: 湖南大学出版社, 2011b, 83-86.

刘联友. 浙江省常山县柑橘冻害调查浙江省常山县柑橘冻害调查 [J]. 浙江柑橘, 1992 (2): 8.

Lorio P. L. Jr. and Hodges J.D. Oleoresin exudation pressure and relative water content of the inner bark as an indicator of the moisture stress in loblolly pine [J]. Forest Science, 1968, 14: 392-405.

柳惠庆, 魏蔼一, 李维忠, 王淑芬, 侯克俭, 杨金亮, 李惠英. 河北侧柏叶枯病的调查研究 [J]. 河北林学院学报, 1995, 10 (4): 302-306.

卢冬梅. 90 年代以来 2 次严重冻害对江西柑橘生产的影响与今后对策 [J]. 江西农业大学学报, 2001, 23 (5): 125-128.

明洁. 黄帝陵侧柏叶枯病菌的生物学特性及杀菌剂对其抑制作用 [D]. 西北农林科技大学. 硕士论文. 2016.

Orshan G. Surface reduction and its significance as a hydroecological factor [J]. J. Ecol. 1954, 42: 442-444.

彭婵, 张亚东, 樊孝萍, 张新叶. 武汉地区不同杨树品种扦插苗的物候与生长节律 [J]. 林业科技开发, 2013, 27 (1): 46-49.

秦光华, 乔玉玲, 孟昭和. 美洲黑杨新无性系 T26 和 T66 苗期年高生长节律的研究［J］.江苏林业科技，2002，29（4）：6-8.

钦俊德.昆虫与植物的关系［M］.北京：科学出版社，1987，133-151.

日本农业气象学会.平成の大凶作［M］.神野邵一，1994，1-146.

Rust S. and Roloff A. Bottlenecks to water transport in Quercus robur L.：the abscission zone and its physiological consequences［J］. Basic and Applied Ecology，2004，5：293-299.

Salleo S.，Nardini A.，Lo Gullo M.A.and Ghirardelli L.A. Changes in stem and leaf hydraulics preceding leaf shedding in Castanea sativa L［J］. Biol. Plant，2002，45：227-234.

山东省地方史志编纂委员会.山东省志.林业志［M］.济南：山东人民出版社，1998，390.

山东省地方史志编纂委员会.山东省志.林业志［M］.济南：山东人民出版社，2010，390.

沈兆敏.大东之后的1992年全国柑橘生产统计［J］.中国柑橘，1993，22（3）：30.

盛承发.超补偿理论及其在虫害控制中的意义[J].自然灾害学报，1993，2（2）：12-19.

盛承发.生长的冗余一作物对于虫害超越补偿作用的一种解释[J].应用生态学报，1990，1（1）：26-30.

Shirley H.L. Observations on drought injuries in Minnesota forests［J］. Ecology，1934，15（1）：42-48.

Sperry J.S. Tyree MT. Mechanism of water stress-induced xylem embolism［J］. Plant Physiology，1988，88：581-587.

Thoday D. Significance of reduction in leaf size［J］. Journal of Ecology. 1931，19：297-303.

Tsuda M. and Tyree M.T. Whole-plant hydraulic resistance and vulnerability segmentation in Acer saccharinum［J］. Tree Physiology 1997，17：351-357.

Turner N.C. and Kramer P.J. Adaptation of plants to water and high temperature stress［M］. Jone and Wiley & Sons，New York，1980，236-243.

Tyree M.T.and Ewers F.W. The hydraulic architecture of trees and other woody plants［J］. New Phytol. 1991，119：345-360.

Tyree M.T.，Zimmermann M.H. Xylem structure and the ascent of sap［M］. 2nd ed. Berlin: Springer-Verlag, 2002, 174.

Vité P.J. The influence of water supply on oleoresin exudation pressure and resistance to bark beetle attack in Pinus ponderosa[J]. Contrib. Boyce Thompson Inst. 1961, 21(2): 37-66.

Wang Fei, Yamamoto H., Ibaraki Y. Transpiration surface reduction of kousa dogwood trees during seriously losing water balance [J], Journal of Forestry Research, 2009, 20 (4): 337-342.

Wang Fei. Research on Responses from Some Landscape Trees to T0613 and Summer Drought with Digital Image and Spectral Analysis [D]. pH. D. Dissertation, Tottori University, Japan. 2009, 34-38.

Wang Fei., Omasa K. Image measurements of leaf scorches on landscape trees subjected to extreme meteorological event [J]. Ecological Informatics, 2012, 12: 16-22.

Wang Fei., Omasa K., Xing Sh.J., Dong Y.F. Thermographic analysis of leaf water and energy information of Japanese spindle and glossy privet trees in low temperature environment [J]. Ecological Informatics, 2013, 16: 35-40.

王斐, 张继权. 木本植物响应环境胁迫的重要特征和机制[M].北京: 科学出版社, 2017, 83-109, 316.

王斐, 张继权. 一些景观树对灾害天气事件的非对称响应[J],灾害学,2011,26(2): 5-10, 30.

王斐, 吴德军, 翟国锋, 臧丽鹏. 侧柏衰弱木和蛀干害虫受害木的热红外成像检测 [J]. 光谱学与光谱分析, 2015, 35 (12): 3410-3415.

王斐. 东亚地区夏季干旱、强台风事件与松树枯萎病的关系[J], 2012, 23(6): 1533-1544.

王斐, 侯立群, 葛忠强等. 山东省侧柏生态公益林区域划分的研究. 山东林业科技, 2016, 5: 1-9.

王淑民. 1992 年美国棉花受虫害之损失. 中国棉花, 1993, 5: 14.

王薇娟. 1993 年青海省草地虫害发生趋势[J].青海畜牧兽医杂志, 1993, 23(2): 31-32.

王政, 范崇晓. 凤城地区 1993 年冬苹果冻害, 1994 年春调查报告[J]. 北方园艺, 1994(6): 40-41.

Warming E., Martin V., Groom P., Balfour B. Ecology of Plants [M]. Oxford

University Press，Landon. 1909.

温克刚，丁一汇等.中国气象灾害大典－综合卷［M］.北京：气象出版社，2008，297－325.

温克刚，曾庆华等.中国气象灾害大典－湖南卷［M］.北京：气象出版社，2006，9－311.

温克刚，姜海如等.中国气象灾害大典－湖北卷［M］.北京：气象出版社，2007，10－374.

温克刚，王建国，孙典卿等.中国气象灾害大典－山东卷［M］.北京：气象出版社，2006，9－444.

温克刚，卞光辉等.中国气象灾害大典－江苏卷［M］.北京：气象出版社，2008，146－159.

温克刚，陈双溪等.中国气象灾害大典－江西卷［M］.北京：气象出版社，2006，46－427.

温克刚，席国耀，徐文宁等.中国气象灾害大典－浙江卷［M］.北京：气象出版社，2006，81－168.

温克刚，夏普明等.中国气象灾害大典－宁夏卷［M］.北京：气象出版社，2007，58－222.

温克刚，李波，孟庆楠等,中国气象灾害大典－辽宁卷［M］.北京：气象出版社，2005，250－260.

沃尔特.世界植被［M］.北京：科学出版社，1984，153－187，205－206.

Wong B.L.，Baggett K.L.，Rye A.H. Cold-season patterns of reserve and soluble carbohydrates in sugar maple and ice-damaged trees of two age classes following drought ［J］. Botany-Botanique，2009，87（3）：293－305.

小林章著，曲泽洲等译.果树环境论－日本的风土条件与果树栽培［M］.北京：农业出版社，1983，327－335.

肖春，张钟宁，华荀根，姜勇，李军，郭俊.2种树枝把在田间对棉铃虫的引诱作用［J］.华中农业大学学报，2003，22（3）：223－227.

谢明权，谭雁飞，谭锋.2010/2011年度垫江晚熟柑橘冻害情况调查分析［J］.中国果业信息，2011，28（12）：48－49.

谢深喜.湖南省2008年柑橘冻害特点及应对策略［J］.湖南农业，2008（6）：10.

Yapp R.H. Spiraea Ulmaria L. and its bearing on the problem of xeromorphy in marsh plants［J］. Annals of Botany, 1912, .os-26, 815-870.

曾文献, 余泽宁 . 1991-1992 年度福建省的果树冻害调查［J］. 中国果树, 1993（1）: 34-36, 42.

张凤琪, 盛荣林, 王贤兵 . 安徽省 1991-1992 年度柑橘冻害调查及分析（简报）［J］. 安徽农业大学学报, 1993, 20（4）: 363-364.

张克俊 . 山东等地苹果树冻害调查［J］. 西北园艺, 1994（3）: 9-10.

张江涛, 陈浩, 晏增, 马永涛 . 不同产地女贞 1 年生苗生长及变异研究［J］. 河南林业科技, 2017, 37（4）: 11-13.

张鹏霞, 叶清, 欧阳芳, 彭龙慧, 刘兴平, 郭跃华, 曾菊平 . 气候变暖、干旱加重江西省森林病虫灾害［J］. 生态学报, 2017, 37（2）: 1-11.

张心团, 赵和平, 樊美珍, 李增智 . 松墨天牛生物学特性的研究进展（综述）［J］. 安徽农业大学学报, 2004, 31（2）: 156-157.

张雄伟, 汪若海 . 1992 年鲁、豫、冀三省棉花减产原因分析及发展棉花生产的建议［J］. 中国棉花, 1993（2）: 4-8

张养才, 何维勋, 李世奎 . 中国农业气象灾害概论［M］. 北京: 气象出版社, 1991, 202-389.

张养才 . 气候变化对我国亚热带地区柑橘生态环境影响的研究［J］. 长江流域资源与环境, 1994, 3（3）: 257-264.

张正梁, 龚惠启, 贺开业, 吕校华 . 1991 年邵阳柑橘冻害调查及原因分析［J］. 湖南农业科学, 1993（4）: 25-27.

赵小龙, 邓崇岭, 邓光宙, 区善汉, 吴劝超, 付慧敏 . 2008 年广西北部地区柑橘雨雪冰冻灾害调查报告［J］. 广西园艺, 2008, 19（3）: 31-33.

赵学源, 陈竹生 . 土耳其的柑橘业［J］. 世界农业, 1990（11）: 15-17.

郑大伟 . 1993-1994 年度北京地区冬小麦生育期间农业气象条件的分析［J］. 北京农业科学, 1995, 13（1）: 17-22.

中村克典, 小谷英司, 小野贤二 . 遭受津波危害的海岸林树木的衰退和枯萎［J］. 森林科学（日）, 2012, 66（10）: 7-12.

周远明, 李世奎 . 辽宁省 1980-1981 年苹果冻害调查分析［J］. 辽宁农业科学, 1982（5）: 37-40.

淄博市志编纂委员会 . 淄博市志［M］. 北京: 中华书局, 1995, 1368-1371.

4

水分和能量失衡中树木的分化

4.1 引言

多年生木本植物生命周期长、空间结构复杂，经历更加持续的、复杂多样的环境影响，而且时常表现出明显的迟滞和叠加的环境响应特征。在气候变化的背景下，极端气象事件的多发势必增加环境胁迫的深度、广度和频度，从而增加了培育木本植物资源和改善生态环境的难度。最近几十年来尽管像松树大量枯萎事件的发生有增加的趋势，但是它们大多还集中在东亚的日本、韩国、中国以及美国东部等降水量相对丰富的地区（Kishi *et al.*, 1995；Allen, 2010），个别有松树集中枯萎的地方年降雨量甚至超过2000mm。即使有相对干旱的夏季出现，许多人认为土壤中保持的水分足以维持这些松树应对干旱的威胁。所以，目前在东亚等地区比较公认的松树枯萎是松材线虫病的侵袭（Zhao *et al.*, 2008）。在这些地区同时又存在大量的枯萎松树没有松材线虫的侵染，甚至没有发现传播线虫的媒介昆虫。这使得问题更加复杂化，以至于各种以综合作用因素为主的衰退论应运而生（伍建榕等，2000）。为此，欧洲开展了历时近二十年的持续大规模森林衰退调查，并且逐步扩展到亚洲、北美等地区。结果表明只有在地中海附近森林边缘地带发现了局部的退化森林（Bussotti *et al.*，1998），大多数的欧洲森林仍处在相对稳定的状态之中（Amlid *et al.*，2000）。面对一些幼龄速生期松树猝死的事件，这些衰退论者同样存在难以解释的问题，并因此受到质疑（Jurskis，2005）。类似的疑难问题也呈现在侧柏叶枯或枯萎等事件之中。

山东省侧柏（*Platycladus orientalis*（L.）Franco）生态林大多栽培在贫瘠的石灰岩山地，在这些立地上常遭受极端灾害气象事件的袭扰而难以成林，业已成林的林分也由于逆境而生长缓慢，甚至呈亚健康状态。在立地条件较差的山地环境中侧柏林木分化严重，往往有鳞叶稀疏、叶形偏小、叶色浅淡的侧柏衰弱木，这些植株易于遭受柏肤小蠹、双条杉天牛等蛀干害虫的侵染以及侧柏松毛虫的危害，也有一些呈丛生的灌木状。

在我国华北地区侧柏林是重要的景观林之一。20世纪50-80年代，山东省开展大规模的灭荒行动。一些荆棘密布或岩石裸露的石灰岩山地上大量栽植侧柏，作为荒山绿化的先锋树种，侧柏的栽培成效显著，在很大程度上改善了生态环境。尽管侧柏寿命长、短期内林分处于相对稳定状态，要在落叶阔叶林区维持这种常绿的景观面临着复杂的种间更替问题。伴随着侧柏的郁闭成林，目前侧柏林往往密度过大、透光度小。使得通过健康经营使其达到永续更新的问题凸显出来。

侧柏是强喜光树种，林分密度过大的林分、尤其是郁闭度大于0.8以上的林分，由于个体生存空间小、林木之间种内竞争激烈，树冠窄小、密度效应较为明显、下部枝条在自然整枝中干枯死亡，与一些正常发育的散生木相比树冠畸形发展于树头。个体分化严重、甚至发生自然稀疏（薛立和荻原秋男，2001；Yoda *et al.*，1963）。难免有衰弱木、受压木和枯立木的形成，直接影响到这些森林的健康。一些地区的侧柏林面临严峻的种内竞争，在持续的水分和能量失衡、极端环境胁迫和灾害事件链接的袭扰中叶枯病流行，并严重威胁其生存。

再加上林下天然更新欠佳。侧柏密闭林下无柏苗、林窗空地少侧柏的问题突出。从森林演替规律出发，在优越的立地环境中，侧柏林内逐渐混生一些落叶阔叶树种、林下荆棘灌丛占优，有进展演替为耐阴落叶阔叶树的倾向（山西森林，1992）。在立地较差的裸岩山地有逆行演替成荆棘灌丛的可能（李兆熔，2000）。林地一旦荒芜，生长缓慢的侧柏即使有更新苗的萌发，也难以与速生的落叶乔、灌木树种进行竞争。甚至存在潜在的侧柏林木分化和逐步衰退的风险。

4.2 极端气象环境中侧柏林木的分化和冠形差异

侧柏为我国北方地区荒山尤其是石灰岩山地造林的先锋树种，也是城镇园林绿化的重要树种资源。由于侧柏林大多以防护林为目标林种的生态林，而且耐干旱瘠薄，一般情况下栽培的立地条件相对较差，在山地陡坡、山颠、土层厚度小于15cm的石灰岩裸岩山地常栽培大量的侧柏生态林分。侧柏林密度过大、抚育管理较为粗放。侧柏抗逆性强，在山东省过去的栽培历史中，与日本黑松和赤松相比，毁灭性病虫害大发生的事件相对较少。在一些极端恶劣的环境中，如裸岩隙地、卧牛坑地、石渣地等等，一些个体时而因水分、养分和能量的失衡而处于亚健康、濒枯状态。寄主的衰弱为一些弱寄生病菌和弱寄生虫创造侵染的机会和条件。结果在一些极端气象事件发生的年份或发生以后，在局部区域或地块偶有病虫危害的发生，如侧柏叶枯病症等。少数林分尤其是一些都市和名胜地的景观林，林龄偏大树势衰退，产生弱势群体或个体。一些弱寄生性害虫时有发生，柏肤小蠹（*Phloeosinus aubei* Perris）和双条杉天牛（*Semanotus bifasciatus* Motschulsky）等蛀干害虫就是常见的侧柏衰弱木、濒死木、枯立木、伐倒木和新栽幼树上寄生的害虫。

2013年和2014年期间，山东沂源县与我国华北地区一样，也经历了一次明显的降水急转直下的过程。尽管2013年降水量与常年持平，雨热同季的暑期7月降水量达367.3mm，为常年平均值的1.73倍（图102a）。是该地1958

年有记载的气象历史以来排在第六位的月降水量，也是排第五位的7月降水量。从这年的8月开始直到翌年的7月，12个月的降水量只是常年的51%。这与2018年到2019年度发生侧柏枯萎事件的济南市周边较为相像。事实上，在此之前的2011年5–9月的降水量962.1mm是常年的1.64倍（图102b），年降水量1082.8mm，是气象记载史上第二位的多雨年份。5–9月降水量是此后9个月直到2012年6月降水量的4.27倍，是5–9月份降水量常年值的2.18倍。

温带风暴和热带台（飓）风，集强风、暴雨、风暴潮甚至干旱等灾害于一身，是多种自然灾害的诱发因素。巨大的风力可造成建筑、道路、桥梁以及种种人工设施的机械损伤和破坏。狂风甚至将几十年的大树连根拔起，而树木的折损更是司空见惯。而且风力动摇往往使那些主干尚未发生严重机械

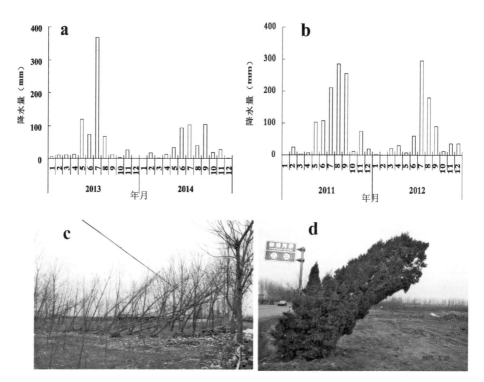

图102 山东沂源县气象站降水急转事件；a. 2013–2014年间各月降水量分布；b. 2011–2012年各月降水量的分布；c. 2012年台风达维在山东的路径周边风倒的杨树；d. 2012年台风达维在山东的路径周边风倒的桧柏。

损害的树木拉断细根且诱发水分和能量的失衡。2012年第10号台风达维于8月2日21时在江苏连云港市响水县境内登陆。它是1949年以后登录我国长江以北地区最强的台风，登陆时风力达12级。台风达维8月3日进入山东境内，台风中心纵穿日照、莒县、沂水、沂源、莱芜、淄博、滨州等地。造成山东103万人直接受灾，农作物受灾面积20万公顷，成灾面积8.44万公顷；台风路径沿线风倒、风折、倾斜树木较为常见，尤其是沿海地区的日照、莒县；倒折树木77.9万株，其中主要包括杨（图102c）、黑松、雪松、桧柏（图102d）等树种。在远离海岸的沂水、沂源境内仍有树木折倒现象的发生。一些没有明显的风倒风折现象出现的树木并非未受影响。而且2012年12月零下15℃和2013年1月零下16.8℃的低温均为沂源气象站气象记载史上排在第9位的该月低温记录值。成为本来就怕风的侧柏等树种枯萎、衰退的重要诱因。

在这种不断出现的气象极端事件叠加的扰动之下，山东省淄博市沂源县毫山林场唐山景区的80多年生侧柏林分中一些植株呈现明显的受害迹象。经实地调研发现，在林区主干道两侧发生局部的柏肤小蠹和双条杉天牛的侵害，受害植株的树干上可以看到清晰的成虫羽化孔以及树干流脂。衰弱木、濒死木和枯立木受害严重与这些蛀干害虫之成虫选择性产卵有关。这种选择性除了树木的化学分泌物以外，树体内边材树液少，发射热红外光谱量大等物理因素或许起着不可忽视的作用。边材的水分代谢和流脂能力等物理因素或许也是侧柏柏肤小蠹和双条杉天牛等昆虫选择性的制约因素。

2013-2014年在山东省内的侧柏调研过程中，类似的侧柏双条杉天牛蛀干害虫危害的症状还发生在邹平、莱芜、莒县、济南等台风达维路经沿线及其周边地区。在莱芜、沂源高速公路沿线6-10年的日本黑松呈现明显的枝枯或整株枯萎症状。2013年7月的超强降水诱发了黑松幼树的贪青徒长和二次高生长，进而对冬季寒潮低温、春季倒春寒和冬旱的敏感。在2014年莱芜和沂源高速公路沿线只是那些栽培在岩石裸露的粗骨棕壤立地上的黑松速生幼树发生了枯萎。相比之下，在一些冬季幅度更大的寒潮降温过程中并没有发生类似的黑松大量枯萎事件，尤其是成年大树。也就是说，绝对低温并非一定诱发黑松的枯萎。而降水急转以及低温寒潮或冬旱以及夏旱和冬旱的灾害链才是诱发黑松幼树枯萎的根源。此类复杂的灾害链诱发的松树枯萎可以持续3-5年（王斐等，2017；王斐等，2011），也就是说，松树枯萎事件的发生可以追溯到数年之前的灾害气象事件。

我们在莱芜对侧柏双条杉天牛虫害木和黑松气象灾害受害木进行热红外成像检测，结果表明已经枯萎的虫害木（图103a-枯）和针叶枯黄而衰弱的虫害木（图103a-弱）与正常树木（图103a-活）之间树干钻孔的指温差存在极其显著的差异（P<0.01），尤其是已经枯萎的植株。用同样的方法检测附近黑松受害木表明在同一降水急转和倒春寒叠加的气象灾害袭扰后，针叶叶色不同的植株之间树干生长锥钻孔的指温差差异显著，且钻孔的流脂能力差异较大。在树干钻孔的指温差与流胶长度之间呈非常明显的线性正相关关系（图103b，R2=0.904）。这意味着尽管对低温冻害抗性较强的侧柏经历2013-2014年的降水急转事件过程中没有明显的植株枯萎死亡现象的发生，但是并不能说明其不受影响。正如2018-2019年度济南燕子山周边所发生的侧柏枯萎事件所呈现的特征那样（图86a）。在林缘内侧一些遭受挤压的幼龄细高树木往往会因水分和能量失衡而衰弱甚至枯萎，这为蛀干害虫提供可乘之机。在蛀干害虫钻蛀的协同作用下，导致更多的植株枯萎死亡。

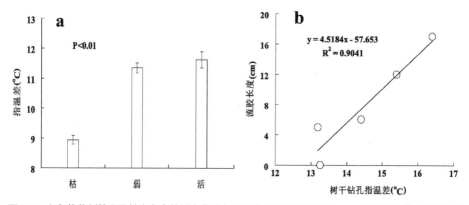

图103　山东莱芜侧柏和黑松虫害木的活力状态与树干生长锥钻孔指温差值；a. 不同活力状态的侧柏虫害木植株的树干生长锥孔之指温差值；b. 黑松树干生长锥孔流脂长度与树干生长锥钻孔之指温差的相关性。

夏季台风袭扰和强降水，不仅可以诱发常绿针叶树的贪青徒长，而且往往可以促进果树花芽的大量产生，增进翌年大量地开花或结实。另一方面，秋冬季节持续的干旱少雨往往与暖冬相伴而生，紧接着出现的春季倒春寒，尤其是盛花期的倒春寒，是果树大量减产的主要原因之一。2012年夏季台风达维袭扰期间，山东部分地区降水丰沛，秋冬季节干旱少雨，2013年4月中旬在苹果等果树盛花期的春寒降雪，使得苹果大量落花减产。无独有偶，2019年台风袭扰和夏季鲁沂山及其周边地区降水丰沛，局部地区河水泛滥发生涝灾。当年秋冬季节降水稀少，气温偏高。2020年4月初同样是春寒降雪导致桃树和苹果早花冻害和脱落的事件发生。1992年9216号台风袭扰山东期间使得庆云、乐陵、宁津三县遭受特大暴雨或冰雹灾害，并形成特大涝灾。1993年4月导致开花期的果树受害严重，苹果花受损率50%左右，个别品种60%-80%。杏树减产80%左右。

这种夏季台风和超强降水与冬旱甚至春季倒春寒的极端气象事件链接诱导大量的花芽形成而后又在花芽发育和开花时出现水分和能量失衡，直至严重受害的事件是否存在一定规律性尚不得而知，也是需要对大气环流和气候变化等事件进行深入研究的问题。

此外，极端气象事件及其叠加和链接往往导致一些树木蒸腾叶面积不断缩减，进而改变树冠冠形。以位于济南市历下区南部的山东省林业科学研究院燕子山试验林场为例，该林场地处半干旱半湿润的季风气候区。尽管雨热同季、夏季降水集中且多，但是年际变化较大，降水急转事件也经常发生。尽管济南2011年7月降水量偏少，降水距平百分率-41%，然而8月和9月连续两个月降水偏多，降水距平百分率分别是34%和105%，经过10月份降水偏少后，11月降水量是常年降水量的3.19倍。因此具备延长树木生长期、推迟休眠的前提条件。2012年1到6月份降水比常年偏少22%，5到6月份偏少近50%，6月偏少40%，5月偏少65%。与此相对应，上半年10日累算干燥指数峰值比比皆是，而10日累算湿润度指数峰值难得一见（图104a）。这种干热环境对于已经成活的新栽苗木影响较大，尤其是干旱、土层浅薄、土壤贫瘠的燕子山造林地。持续的干旱使得相关实验研究林地内的部分红叶杨（*Populus×euramerica*'Zhonghong'）等喜湿润环境树种的抽生新枝出现枯萎、叶片干焦；银杏（*Ginkgo biloba* L.）和黄栌（*Cotinus coggygria* Scop.）叶片极小，黑松（*Pinus thunbergii* Parl.）抽生顶芽迟迟不能展叶。侧柏林木的枝叶大多从下部开始枯黄或干枯，尤其是枝叶大量冗余、树冠几乎接近地面的天然更新侧柏幼树（图104b）。无论是此类被迫地从下向上整枝，还是林地自然整枝。最终的结果将改变树冠的形状。侧柏冠形的变化是其内部代谢与外部环境相互作用的结果。其中，局部干热、冬旱和强风等极端气象环境对其有较大的影响，尤其是栽培在立地条件较差的植株。在遭受极端气象事件的袭扰后，侧柏枝叶常自下而上逐渐枯萎。正是这种程序性的枝叶枯萎，造成了侧柏梭形和火炬形等树冠形状，这本身是一种牺牲局部器官以维持生存的适应方式。通过大量缩减蒸腾表面积来维持树体的生命。

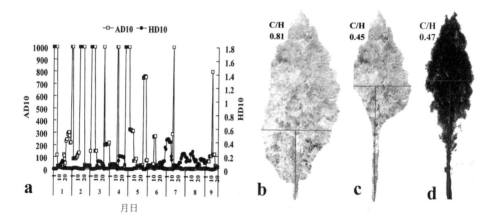

图104　2012年济南上半年偏旱的气象环境和侧柏始于树冠下部的枝叶枯萎；a. 10日累算干燥指数（AD10）和10日累算湿润指数（HD10），计算方法见附录6；b. 侧柏幼树始于树冠下部的枝叶枯萎特征；c. 图104b中下部枝叶枯萎的树冠经人为切除枯萎部位后的特征；d. 裸岩山地上常见的自下而上严重整枝的幼树及其冠形指数（C/H）值。

4.3　侧柏散生木的冠形分化

4.3.1　侧柏散生木垂直冠形分化

经过一系列的调研表明，侧柏常见的树形为塔形树冠（图105a），遭受逆境等胁迫后树冠时而呈火炬形（图105b）或呈梭形（图105c）甚至倒梨形，在有定向风的持续影响下有的植株发生偏冠（图105c）。为了反映此类冠形变化，经过筛选使用能反映树冠重心位置的冠幅（C）与冠中高（H）的比值作为常用的冠形指数（C/H），详见公式8。

$$CSI = C / H \qquad\qquad (8)$$

其中，CSI为冠形指数，C为树冠侧面图像最宽处的宽度，H为树冠最宽部位到树干基部的高度。经过实际量测验证表明CSI冠形指数为同一树冠图像内不同部位的比值，在不同距离拍摄的图像之中该指数值保持不变，因为同一图片中各点的比例尺度基本上保持一致。

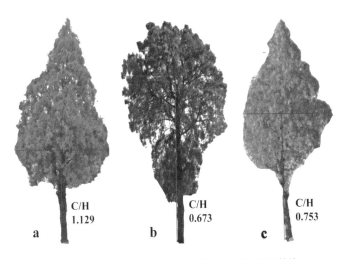

图105　侧柏典型树冠冠形；a. 塔形；b. 火炬形；c. 梭形；C/H为冠形指数值。

应用图像分析法对2012年济南燕子山侧柏林地内自下而上枝叶逐步枯萎的幼树加以研究，人为地切除枯萎部位后，剩下的绿色活着部位的冠形更接近于梭形（图104c），经测算其冠形指数值为0.45；而未切除枯萎部分之前的树冠之冠形指数为0.81（图104b）。事实上，在一些裸岩山地栽培的侧柏幼树时常呈现类似的梭形树冠，其冠形指数也在0.45左右（图104d）。正是这种枝叶程序性枯萎的法则，导致侧柏冠形从塔形到梭形或火炬形的变化。而幼树大量冗余的枝叶和由此造成的水分和能量失衡以及干旱、高温、强风和贫瘠的立地条件的协同作用和影响是此类冠形分化的诱因。

　　侧柏适应极端干热环境的特点比较特殊，在持续的干、热、风以及冬旱的袭扰下，较为常见的是始于树干下部的枝叶枯萎。这种由下而上的枝叶枯萎起源于木质部由内向外的栓塞，来自于植物次生生长和局部衰老的过程（王斐等，2017）。久而久之，使树冠呈梭形和火炬形。侧柏的树冠形状除过密林分以外对气象环境相对敏感，相对湿润的环境中较为常见的是塔形树冠，并随环境变化呈现明显的分化。经随机选点观测的阳坡或半阳坡的侧柏冠形指数与相应地点的降水量之间存在显著的正相关关系（图106a）。也就是说，在降水量较大的地区侧柏遭受干旱等灾害的风险相对较小，始于下部枝条的枯萎概率较低，枝叶正常生长和伸长。因此，树冠往往呈塔形，且冠幅相对较宽。而在降水量较少、干燥度较大的地区，侧柏树冠常呈梭形、火炬形甚至倒梨形，冠幅较窄。也就是说，侧柏树冠重心的上移（丛生树冠除外）是持续的水分和能量代谢失衡的结果。幼树同样发生冠形指数的变化，尤其是在移植后遭受严重的逆境胁迫威胁（图106b）。这也是长期持续的土壤干旱和大气湿度的指示性特征。

　　尽管如此，在降水量相同的地域因立地条件的差异而侧柏的冠形指数存在分化现象。据大量的实地观测表明，在同一座山体范围内，相对于普通的棕壤土上生长的侧柏而言，栽培在粗骨棕壤立地上的植株之冠形指数明显偏小（图106c，□—□），因为这种立地条件干旱瘠薄、漏水漏肥，土层薄、植被稀疏、水土流失严重，是山地丘陵最瘠薄的土壤类型之一，甚至可以观

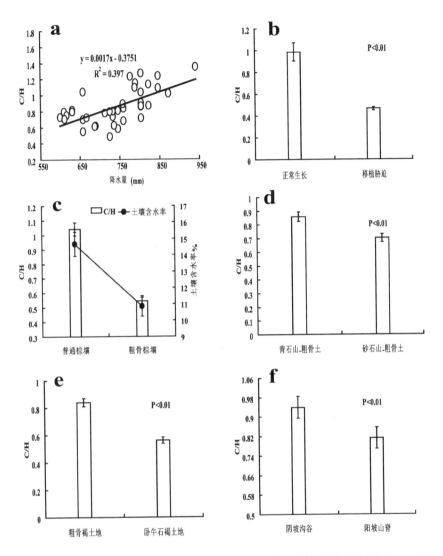

图106 侧柏冠形指数（C/H）与降水量的相关性以及不同环境下的幼树冠形指数的比较；a. 冠形指数与降水量的相关关系；b. 正常侧柏幼树和移植胁迫受害后冠形指数的不同；c. 普通棕壤土和粗骨棕壤土上栽培的侧柏冠形指数的差异；d. 青石山和沙石山上粗骨土壤条件下栽培的侧柏冠形指数的差异；e. 粗骨褐土地和卧牛石褐土地上栽培的侧柏冠形指数的差异；f. 阴坡沟谷与阳坡山脊上栽培的侧柏冠形指数的差异。

测到土壤含水量的显著差异（图106c，●—●）。若将粗骨土观测样地上侧柏冠形指数进行分类比较时，由石灰性沉积岩山地发育的褐土上栽培的侧柏冠形指数比变质性砂岩、沙砾岩山地发育的棕壤土上栽培的侧柏冠形指数明显较大（图106d）。因为粗骨褐土质地多为砾质中壤土，母质中细粒部分较多，养分状况及蓄水保肥能力均优于粗骨棕壤。在相同的富钙灰岩、砂页岩等沉积岩山地发育的褐土立地条件下，在卧牛石立地上栽培的侧柏冠形指数明显小于在一般粗骨土上栽培的侧柏冠形指数（图106e），因为这种立地石芽突起、槽脊纵横、土壤仅存留于岩石缝隙中。此外，在土壤和空气湿度相对较大的阴坡沟谷内比阳坡山脊上侧柏冠形指数更大（图106f）。一些南北走向、窄而长的山体上阳坡不明显或者根本没有阳坡，有利于侧柏的生长和冠形发育。一些东西走向、同样窄而长的山体，阴坡侧柏茂密、冠形优良，阳坡岩石裸露、侧柏冠形重心偏上的情形颇为多见。以上各种对比结果表明，在大气环境相近的条件下，局部的立地条件差异，尤其是侧柏根系生长和水分供给条件的差异，也是导致侧柏冠形分化的重要因素。

以往的调查表明，济南林场的平顶山北侧山谷之内与馍馍山东侧山谷之外相比，阳坡成龄侧柏林木树冠形状之间存在极显著的差异（图107a）（$P<0.01$）。谷内侧柏树冠整齐以塔形树冠为主，而谷外侧柏以过渡形或火炬形为主。相比之下，阴坡成龄侧柏林木树冠形状之间即使存在差异，往往也难以达到统计学上的显著性（图107b）。这在一定程度上受山谷内外环境的制约，谷内环境阴湿而谷外环境干热。用热红外图像观测的谷内、谷外数据可以提供间接的证据（图107c）。显然，山地水热资源的分配不均对侧柏的生长发育产生影响，以至于表现出冠形的分化和差异。不仅如此，我们以相近的经度在我国东部侧柏主要栽培区从南到北取三点进行比较，在地处江淮之间的盱眙丘陵地区，所观测的侧柏林木塔形树冠为多，C/H指数较大（图107d）。地处沂蒙山脉余脉的徐州样点介于中间，而山东平阴观测的几个样点C/H指数最小（图107d）。三地降雨量差异显著，从江苏盱眙的近1000mm到徐州的850mm，再到平阴的658mm。也就是说，侧柏树冠冠形的这种特征与这些地区干燥或湿润的程度有关。而大风和高温等均可以降低这种湿润环境条件的质和量（图107d）。尽管侧柏属于耐性树种，大多生长在干旱贫瘠

的立地上，而且生长缓慢、寿命也长，但是这并不意味着侧柏对土壤和大气的水分条件不敏感。侧柏之所以能够忍耐极端干旱瘠薄的环境，主要在于其特殊的适应方式。侧柏始于下部枝叶的枯萎和局部蒸腾表面的缩减，维持了树体的水分和能量代谢平衡，从而避免了整株的枯萎。也就是说，梭形或倒梨形的树冠是它们适应极端干热环境的表现形式，是它们成为耐性群落的特殊适应特征，也是侧柏林分健康状况的重要指标之一。

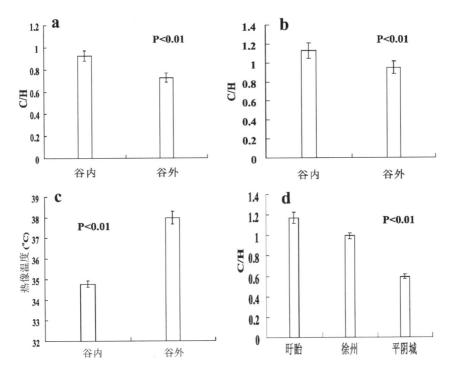

图107　山谷内、外以及不同地带呈现的侧柏冠形差异；a. 山谷内、外阳坡冠形指数（C/H）的差异；b. 山谷内、外阴坡冠形指数的比较；c. 山谷内、外环境温度的对比；d. 我国东部侧柏主要栽培区从南到北不同纬度的江苏盱眙、江苏徐州和山东平阴之侧柏冠形指数的对比。

　　如果用冠形系数（树高/冠幅）来描述树冠时，侧柏成龄大树的冠形系数一般在2.2左右。相比之下，大量栽培侧柏生态公益林的粗骨褐土和棕壤性土立地条件下，侧柏的平均冠形系数在3.1左右。在这些立地条件下，往往受干旱贫瘠的立地条件影响使侧柏冠幅狭窄。而在立地条件优越的环境中栽培的侧柏植株冠形系数在2.0上下，树冠较为圆满。据测算，山东省侧柏冠形系数的整体平均值在2.50-2.70之间，褐土立地上总体平均冠形系数为2.54。此外，在一些极端恶劣的山地环境中，一些散生木的树冠极小、呈独杆状，其冠形系数可达6.0以上，少数独杆幼树的冠形系数接近20。

4.3.2 侧柏等树种冠形水平分化和垂直矮化

侧柏属于喜光而怕风的树种，在有强风的环境中难以生存。然而在个别山地风口处也可以看到偏冠的侧柏植株（图105c）。许多树种在强风的环境胁迫下，尽管树干仍然直立，其枝条往往只在背风的一面发育，一些树种的树干形成层主要在避风面活跃。这些是由于风压或者迎风面的枝、芽受到干燥、袭扰和折断而死的缘故（Daubenmire，1959）。在背风面的芽遭受的风压小而成活较多，枝条生长较好，结果形成畸形的"旗形树"。最为典型的事例来自于日本山口市遭受台风0613号的袭击后一些树木迎风面叶变红、干枯、枝条回枯、叶枯萎、新生叶片叶面积缩小、畸形等。该台风袭击时的高温少雨及其与持续干旱的链接诱发了众多树木迎风面枝叶水分和能量的失衡。例如，有几株栽培在花池中的豆瓣黄杨树球，在少雨台风0613号袭击后以及持续的干旱少雨胁迫下，迎风面叶片焦枯死亡（图108a）。翌年春季在迎风面率先萌生新叶，夏季迎风面和背风面因新叶的萌生而叶色逐渐一致。

图108　台风0613号袭击日本山口后豆瓣黄杨球迎风面和背风面受害和生长特征；a. 台风过后迎风面叶焦枯的特征；b. 次年受害黄杨球背风面枝叶相对繁茂的特征。

然而，到了2007年秋季生长季结束时，背风面萌生出很长的侧枝，而迎风面依然没有新生枝的发生（图108b）。

Daubenmire（1959）认为在一些极端环境中，如近海岸、极地、高山树线或与辽阔的草原接壤的森林边缘，树木的矮化是其内部不良的水分平衡造成的。在这些环境内的开阔地上萌生的幼苗往往死于干旱，保存下来的树木个体大都局限在庇荫的地方。但是其个体矮小以至于上百年后仍然低于小灌木。尽管侧柏耐干旱瘠薄正常情况下为乔木树种，但是在我国西北荒漠边缘的极端干旱地带，侧柏往往生长在侧方庇荫的沟谷（图109a），且植株低矮，常呈丛生灌木状（图109b）。长期持续的水分匮乏和能量失衡限制其生长的高度，以至于呈现明显的垂直矮化。

图109　我国陕西北部和内蒙古干旱地区侧柏疏林；a. 分布在庇荫沟谷的侧柏疏林；b. 分布在沟谷汇水坡面的低矮侧柏植株。

4.4 侧柏林木的冠形分化

4.4.1 侧柏密林林木的冠形

在同样的立地条件下，林内树木比散生的孤立木面临邻近树木对光、水分和矿物质的竞争更加激烈，尤其是密度过大的林分。下部枝叶由于接受的光照受到限制，甚至处于光补偿点以下。以至于出现严重自然整枝，树冠长度变小，枝下高增大，直至仅剩很小的树头。因此，其冠形指数较小。进而逐渐衰弱、个别植株枯萎死亡。Kramer和Kozlowski（1985）认为林木树冠郁闭后，下部枝条往往因光照不足而枯萎，活树冠的比率逐渐下降，活冠比不足40%为树木生长的临界值，低于这一临界值其木材生产的速率将大幅降低。如果活树冠比降至30%或40%以下，将严重影响其直径生长，久而久之往往枯死。最好在活树冠比降至40%以前进行疏伐作业。

以济南燕子山侧柏试验林地为例，疏伐前3000株/hm^{2}以上，平均冠形系数为5.9。如果也包括那些濒死木，平均冠形系数则更大。此种密度条件下侧柏植株个体处于严重的空间压抑之下。侧柏是强喜光树种，林分密度过大时自然稀疏现象明显，一些受压个体树干弯曲、干枯，而且林下难以寻觅更新幼苗和幼树。山东省林业科学研究院燕子山试验林场侧柏林在疏伐抚育之前，侧柏林内开始有个体逐渐干枯死亡，也有一些个体处于严重受压的状态（图110a）。而更加突出的是始于树干基部、从下至上逐渐发生的枝叶枯萎。疏伐前的调查表明，燕子山西坡1小班内，活树冠平均长度2.3米，径级分布偏小。冠长小于3米的占75%（图110d），冠长小于2米的占50%以上。侧柏树干上平均活枝率不足1/3（图110b），平均枯枝率接近1/2，无枝条的树干部分约占1/6。

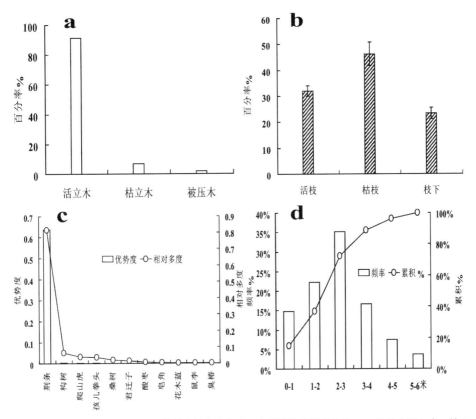

图110 济南燕子山林场1小班侧柏林分的密度效应、自然整枝和疏伐效果；a. 林地中活立木、枯立木和被压木的比例；b. 侧柏林木在自然整枝作用下活枝、枯枝和枝下部位的比例；c. 主冠层下阔叶乔灌木树种的生物多样性，优势度和相对多度的差异；d.活树冠长度的频率分布和累积变化曲线。

    该侧柏林主冠层之下灌草稀疏，生物多样性很小。尽管有构树、黄栌、刺槐、臭椿、苦楝、黄榆等伴生阔叶树种的个别单株镶嵌之中，以荆条为核心构成的灌丛群落在主冠层下占据绝对的优势（图110c），其优势度和相对多度甚至超过其余树种的总和。为此，我们应用冠层分析仪观测了燕子山试验林场侧柏试验地的透光度，结果表明树冠长（从最下边的活枝到树梢的长度）与林地透光度之间存在明显的线性正相关关系。显然林地透光程度对侧柏冠形的分化有明显的影响，透光度越大树冠越长。我们应用热红外成像仪检测树干心材和边材热温的比值，发现树冠长与主干边心温比之间呈明显的反函数相关关系（图111a，P<0.01），而树干上活树冠部分的占比与心边温比之间存在显著的线性正相关关系（图111b，P<0.01）。这意味着伴随着输导功能的降低树冠变小、冠形系数变大，直到严重影响光合生产能力和树木的存活。

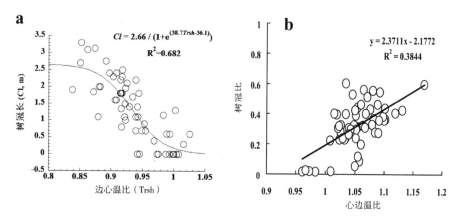

图111　侧柏林地内光照环境与冠形的分化；a.侧柏主干边心温比与树冠长度之间的反相关关系；b.侧柏主干心边温比与树冠比（活树冠长/树高）之间的线性正相关关系。

4.4.2　林缘木的冠形

4.4.2.1　林缘光照和热量的过渡性特征及树冠的特征

林缘树木与林内树木和散生孤立木所处环境条件均不相同，经过热红外成像检测和林地透光度分析（冠层分析）结果表明，从透光度接近于1.0的空旷地开始，向林地内每隔2-3米观测透光度，结果透光度呈逻辑斯蒂函数式从高到低逐渐减小（图112a）。林缘附近透光度刚好处于适中的过渡性转折范围（0.4-0.6）。而密闭的林内透光度几乎减小到0.2左右。

如果从空旷地到林内观测热像温度，因所处的林缘光照不同而有所不同。若林缘位于向光面，从空旷地到林内热温缓慢降低，尽管林缘处的热温仍然处于过渡性的适中范围，然而其热温相对偏高（图112b，－○－）；如果林缘位于庇荫面，从空旷地到林内热温下降迅速，林缘的热温略高于林内

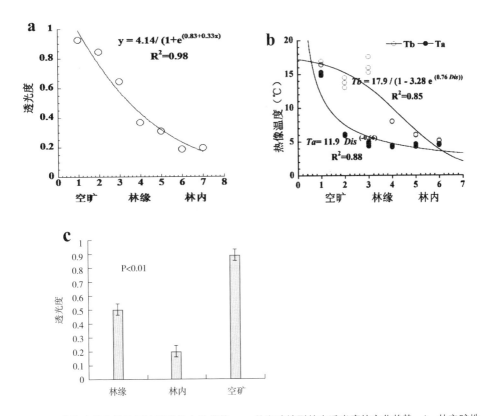

图112　林缘光照和热量环境因素的变化趋势；a. 从空旷地到林内透光度的变化趋势；b. 从空旷地到林内热像温度值的变化趋势，其中Ta是庇荫面，Tb是向光面；c. 林缘、林内和空旷地透光度的对比。

（图112b，－●－）。

　　显然，相对于近似全光照的空旷地和密不透光的密林内，林缘的透光度适中，刚好处于临界转折部位（图112c）。林缘附近树冠既有接受更多的林外光照的便利，又有林内树木竞争的压力以及环境的胁迫等。时常有面向空旷地的一侧枝叶更加浓密的倾向。林缘树木生长量一般大于林内树木。自然整枝的程度和数量也相对较小。从林地外面看，树冠形状更加接近于散生木。与林内树木相比，冠形指数较大。处于高生长速生期的幼树，在山东省平均冠形系数在4.1上下。

4.4.2.2 林缘特殊环境下侧柏幼苗、幼树的分布

相关研究表明，在林缘和林窗适度光照环境中，常有侧柏更新苗萌生（王斐等，2016）。因此，在林缘及其内侧常夹杂着一些冠形细高的幼龄树木。2013年秋在燕子山林场3小班（图113a-白色轮廓线之内）东南阳坡的中、上坡位和东坡的林缘和林窗以及整个小班的全面调查研究中发现，在密闭林分（3000株/公顷以上）的冠层下（郁闭度>0.7）几乎难以见到侧柏的幼苗和幼树（图113a-黑色背景）。幼苗和幼树大多集中在林缘和林窗内以及林班线沿线的开阔地带等（图113a-彩色松柏图标）透光条件较为适宜的区域。这本身也为2019年燕子山林缘内侧和山顶林窗内枯萎的树木多为幼龄树木的事件（图86）提供佐证。在立地条件欠佳的裸岩空地或林窗空地内侧柏幼苗幼树也相对较少或没有。在郁闭度0.8以上的林地内，不仅没有侧柏幼苗和幼树，而且灌木和草本植被也非常稀疏甚至没有。

就幼苗幼树的分布而言，如果从林外或林窗内的空旷地经林缘向林内每隔一定距离（2-3米）分别用冠层分析仪观测其透光度的同时人工统计幼苗

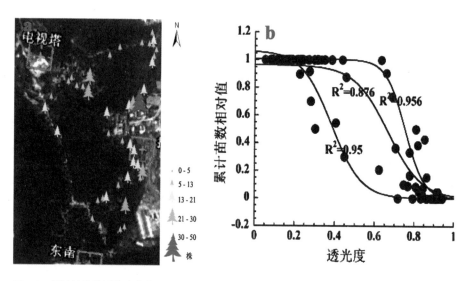

图113 侧柏幼苗幼树的分布特征；a. 山东省林业科学研究院燕子山林场第三小班（白色林班线）内幼苗幼树的分布图；b. 从空旷地经林缘到林内，透光度与侧柏幼苗幼树累计数的相对值之间的相关关系。

幼树株数，结果表明，有幼苗幼树从少到多而后再降低下来的趋势，更多的苗木分布在林缘附近透光度0.4-0.7的范围内。透光度和累计幼苗数的相对值之间呈现典型的逻辑斯蒂函数相关关系（图113b），其拐点分别在0.4和0.75附近。也就是幼苗大多集中分布在林缘（从林内到空旷地的转折过渡带）附近。

4.5　对降水急转事件敏感的林缘树木

在林缘内侧，一些光照条件相对林内稍好的地方，一些幼龄树木或大树因处于特殊的生理状态，自然整枝程度低，树冠冗余枝叶数量较多。因此，对极端的干、热、强风以及寒潮低温等胁迫较为敏感。同时这些植株往往还遭受周边成龄树木的挤压，因生存空间有限而呈现细高而柔弱的特征。一旦林分疏开后，易于因机械组织欠发育而弯曲（图91）。一般情况下，冠形指数介于孤立木和林内受压木之间。

有关林冠下层林木在林冠疏开后的结局，森林生态学家斯波尔（1982）认为"一旦伐除上层林木，一些下层林木迅速生长，进入上层林。然而，有一些则不能加速生长，往往趋于衰退甚至死亡"。这些植株由于长期生长在林冠下层，树体衰弱、已经失去了适应疏开后之光照环境的能力。

有研究表明，松树树脂的形成和产量的增加，必须确保松树枝叶繁茂、根系发达、具有充足的光照条件，保证树木的营养，增进树木的生理代谢，使光合作用充分进行。充足的阳光是松脂形成的重要条件之一。在生产实践中，孤立木和林缘木的松脂产量比密林树木和受压木的产量高。林木的结实同样有林缘木、孤立木种子成熟早，林内木种子成熟晚的趋势。而且孤立木和林缘木的种子产量高、质量好。林冠上部、向阳面种子成熟早，林冠下部背阴面种子成熟晚。这与其所处的充足光照条件是分不开的。此外，林缘木与林内木之间遭受小蠹虫袭扰、病害的侵染以及大气污染等等环境胁迫的程度也会不同。

而上述燕子山2018-2019年极端气象事件发生期间，林缘内侧立地上枯萎且部分遭受双条杉天牛危害的侧柏树木，则是在极端气象环境胁迫和林分光照等条件欠佳的双重甚至多重作用影响下林木分化的结果。树冠枝叶过渡冗余又成为这些树木应对极端环境的负担，尤其是立地条件欠佳的石灰岩山地上。2019年湖北武汉周边松杉树木的干枯死亡也往往是在山地中下腹密度较大的林分内冠型细长的幼树更加严重。这意味着适宜的林分密度和单株营养面积以及合理的冠形是森林经营管理的关键之一。

参考文献 --→

Allen C.D., Macalady A.K., Chenchouni H., Bachelet D., McDowell N., Vennetier M., Kitzberger T., Rigling A., Breshears D.D., Hogg E.H., Gonzalez P., Fensham R., Zhang Z., Castro J., Demidova N., Lim J.H., Allard G., Running S.W., Semerci A. and Cobb N. A global overview of drought and heat-induced tree mortality reveals emerging climate change risks for forests [J]. Forest Ecology and Management. 2010, 259 (4): 660-684.

Amlid D., Tùrseth K. and Venn K. *et al*. Changes of forest health in Norwegian boreal forests during 15 years [J]. For. Eco. Manage. 2000, 127: 103-118.

Bussotti F. and Ferretti M. Air pollution, forest condition and forest decline in Southern Europe: an overview [J]. Environ. Pollut. 1998, 101: 49-65.

Daubenmire R.F. Plants and environments [M]. John Wiley & Sons, 1959, 183-188, 266-271.

Jurskis V. Eucalypt decline in Australia, and a general concept of tree decline and dieback [J]. Forest Eco. Manage., 2005, 215: 1-20.

Kishi Y. Forest pest No.1: The pine wood nematode and the Japanese pine sawyer[M]. Thomas Company Limited, Tokyo, Japan, 1995, 43, 48.

Kramer P.J., Kozlowski T.T. 木本植物生理学 [M]. 北京: 中国林业出版社,

1985，1–859.

李兆熔.侧柏林：《河南森林》编辑委员会；刘元本等.河南森林［M］.北京，中国林业出版社，2000，134–142.

《山西森林》编辑委员会.山西森林［M］.北京，中国林业出版社，1992，149–154.

斯波尔 SH，巴恩斯 BV 著，赵克绳，周祉译.森林生态学［M］.北京：中国林业出版社，1982，298–299.

王斐，臧丽鹏.光热和水分条件对石灰岩山地侧柏人工林更新的影响［J］.防护林科技，2016（7）：1–6.

王斐，张继权.木本植物响应环境胁迫的重要特征和机制［M］.北京：科学出版社，2017，83–109，316.

王斐，张继权.一些景观树对灾害天气事件的非对称响应［J］.灾害学，2011，26（2）：5–10，30.

伍建榕，盛世法.森林衰退病研究综述［J］.云南农业大学学报，2000，15（3）：275–278.

薛立，荻原秋男.纯林自然稀疏研究综述［J］.生态学报，2001，21（5）：834–838.

Yoda K.，Kira T.，Ogawa H.，*et al.* Self-thinning in overcrowded pure stands under cultivated and natural conditions（Intraspecific competition among higher plants. XI.）［J］. J. Biol.，Osaka City Univ.，1963，14：107–129.

臧丽鹏.应用 Google SketchUp 和热红外成像技术的侧柏天然更新研究［D］.山东农业大学，硕士论文.2015.

Zhao B.G.，Futai K.，Sutherland J.R.，Takeuchi Y. Pine Wilt Disease ［M］. Tokyo；Berlin：216 Springer，2008，1–36.

5

树木种子和幼苗的水分和能量平衡

5.1 引言

早在20世纪40-50年代，美国生态学家Daubenmire（1959）认为："植物幼苗特别容易遭受环境多变的伤害，许多植物表现出来的间歇性种子萌发就是一典型事例；由少数几个龄级组成的群体，只在偶尔出现的优化条件下，才能生产一波丰盛的幼苗"。"对于一般植物而言，幼苗定居期是最关键的时期，此前的休眠种子和此后发育完善的成熟个体均可以抵御常引起幼苗夭折或猝死的恶劣环境"。Kramer（1985）认为种子生根和细胞分化出液泡后，组织对脱水的伤害更加敏感。而处于窗口期的幼苗不仅易于诱发红色花色素苷的合成、易于失绿黄化、而且易于局部或整体枯萎。本章以侧柏林种子萌发和幼苗保存与水分和能量的关系开展了深入的研究。

尽管侧柏成年树木耐干旱瘠薄，但是其种子的萌发和幼苗成长则表现出明显的对水分和光照的敏感性。在种子成熟季节，适度降水可以促进林地侧柏种子集中萌发出土（王斐等，2015）。我国干旱的华北石灰岩山地在秋季侧柏种子成熟季节刚好是降水量锐减的时期。多数年份侧柏种子因错过了最佳的萌发时期而没有籽苗的生成。春季不适宜的降水在诱发种子萌发的同时又面临春旱导致出芽种子的回芽或裂嘴种子的失活。年复一年，林地内成千上万的种子在启动萌生进程中因水分和能量失衡以及极端环境的叠加影响而夭折。真正成苗并成功长成大树者微乎其微。在一些更加干旱瘠薄的地区几乎不具备种子萌生的条件。也有一些萌发出土的幼苗在落叶阔叶乔灌木树种的种间竞争中衰退死亡。

为此，我们在山东省内乃至国内侧柏主产区对侧柏当年生籽苗进行更大范围的调查和研究。应用地统计分析方法（见附录9）进行了降水的时空解析以及侧柏种子萌发和籽苗空间分布的研究。结合多树种种子萌发的室内试验研究，论述了侧柏林种子萌发和保存对于优化的时空环境的依赖性，从而进一步解析了侧柏种子集中萌发和幼苗幼树聚集分布与其环境适应性的关系，在一定意义上成为研究和解决侧柏更新问题的依据，为人工促进侧柏林更新奠定理论基础。通过人工补水试验，探索了人工促进侧柏种子萌发和林地更新的途径，也成为解决侧柏林衰退的有效方法。

5.2　有利于侧柏的种子萌发和林地更新的极端降水事件

地球上的种子植物（包括被子植物和裸子植物）以世代交替的方式维持生命的延续。种子是该过程中一种生命有机体与土壤和大气隔绝的封闭状态，是植物生命接续过程中不存在SPAC的阶段。这时种子大多处于气干状态，一般含水率8%-10%之间，这一隔绝状态是种子对环境胁迫极不敏感的原因。许多植物的种子需要在干燥的环境中贮藏。在含水率很低的状态下，甚至可以持续保存很长时间而不失生命力。

种子从萌发到新的生命周期开始需要经过一个吸胀，增加含水率（可达50%以上），再到胚根、胚芽发育形成新的生命体，直到重新建立SPAC，构建起独立的自营体系。种子的萌发需要足够的水分，在此过程中水是至关重要而且必不可少的核心物质。而在自然环境中种子的萌发和成苗往往受土壤水分亏缺的抑制。高含盐量土壤的盐渍作用和渗透胁迫对种子的萌发比成年的植物个体更加有害。

SPAC系统建立初期仍然以根系迅速生长、寻求充足的水源为主，地上器官发育较慢。这时，对外界的不良环境条件敏感，对逆境胁迫抵抗力较弱。而后伴随着SPAC体系的完善和加固，光合叶面积和蒸腾叶面积不断发展壮大。苗木通过地上部位的增生和发育、木质化程度的完善、稳定性提高，对逆境和胁迫的抗性也逐步增强。

在干旱和半干旱的气候区，降水对林木种子的萌发具有明显的限制性作用。充足的降水对于林地种子的萌发和林地的更新具有显著的促进作用。雨带徘徊导致异常多雨以及台风雨的补水效果特别明显。有利于林地种子萌发、更新苗的发育和生长，且成为一些树种天然更新的重要条件。类似的事件2014年秋发生于山东省济南市燕子山侧柏林内。相比之下，2013年在疏伐试验的林地内几乎没有籽苗的出土（图114d-2013）。对比2013年和2014年前9个月的降水量（图114a、114b）不难发现，2013年的气候较为特别，上半年的降水量很小，7月遭遇20年不遇的超强降水洗礼。7月6日和7月8日两个暴雨日曾出现3小时左右的集中短时强降水，这种7月高温多雨的环境往往促进树木的营养生长和种子的发育，种子成熟较晚。不仅如此，与上述（第3.3.1节）银杏树2014年大量结果相似，2013年7月的超强降水为侧柏翌年大量开花结实也奠定了基础。2013年8月和9月降水偏少、降水量距平-80%，尤其是9月降水极少（图114a），气温偏高。持续干旱少雨的秋季，不适于种子萌发。种子错过了萌发的最佳时机，没有发生侧柏集中萌发的事件，从而增加了种子库的容量，成为翌年集中萌发的种子来源之一。2014年上半年同样干旱少雨，没有因春季种子的萌发而减少种子库容。尽管7-9月份降水总量不大，然而降水分布较为均匀（图114b）。6月底-7月初的短时强降水引发较大的地表径流。同年9月降水量偏多，是常年的136%。在这种环境中发生了大量种子集中萌发（图114d-2014），在光照条件适中的上层强度疏伐试验地（每

667m²保留80株）内自然萌生籽苗达每10平方米30多个。而在种子萌发最为密集的局部地块每平方米达500个之多。所以，2014年大量籽苗出土应归结为2013年暑热的7月集中强降雨和2014年秋季温和而湿润的9月天气。2015年燕子山持续的气象干旱使林地土壤缺水严重，8月初的集中降水（图114c）也未形成明显的泥沙径流和枯枝落叶的堆积。9月份少雨干旱使得燕子山侧柏种子萌发量为数很少。微不足道的侧柏种子萌发大多集中在郁闭度较大的、环境相对阴湿的地块内（图114d-2015），而且在持续的干旱影响下已萌发的籽苗迅速夭折而干枯死亡。

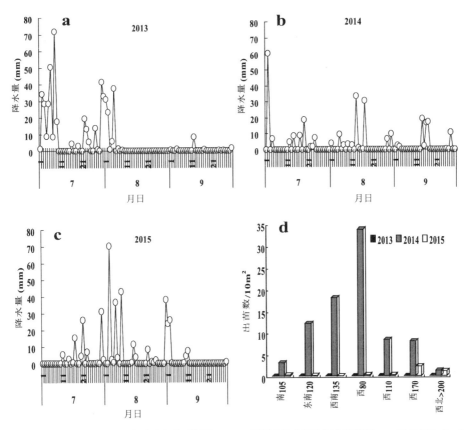

图114 2013、2014和2015年济南气象观测站7、8、9月逐日降水量和籽苗萌发数；a. 2013年7、8、9月降水量；b. 2014年7、8、9月降水量；c. 2015年7、8、9月降水量；d. 2015年各疏伐强度试验地每10平方米的籽苗萌发数。

在燕子山林地侧柏种子萌发研究的基础上，著者结合气象数据的解析进行大尺度地理环境内侧柏种子萌发的调查研究。2017年和2018年在山东省内的调研结果进一步证明一定时期内的降雨量是侧柏林地土壤含水量多寡的决定因素，进而也是侧柏种子萌发的重要限制因素。图115a是应用径向基函数插值法基于山东省境内107个气象站点2018年的前9个月之降水量数据制作的地统计分析图（底色）和一些典型林地侧柏当年籽苗的数量图识（随数量增多而加大的圆形标识）。结果表明该年度在遭受数次台风的袭扰后，山东省降水量明显多于常年（图115d）而且分配不均。泰沂山北麓的淄河和弥河流域为中心的地域受台风雨的影响而降水较多，个别地方甚至超过1000mm。这在该地气象史上较为少见。持续的阴雨天气不仅给侧柏种子萌发提供了充足的吸胀水源。而且也降低了林地和土壤的温度。从而促进了种子的萌发和幼苗的保存。结果使得春夏萌发出土且保存下来的、具有数对甚至十几对初生叶的籽苗较多。最多者每平方米接近40个。而在山东省西部的平阴（图115a-14，15）和长清（图115a-13）周边因降水量较少而很少有籽苗出土或存活，在许多调查地点几乎没有发现此类籽苗的踪影。

2018年秋季的9月以后，降雨量逐渐减少，尤其是鲁北地区。尽管该月山东省有几次由南向北的降雨过程发生，但并没有怎么影响到鲁北的泰沂山北麓地带。山东省9月降水量基本上维持南多北少的格局（图115b）。经过对上述典型地区侧柏林分内秋季新萌生的、仅有一对子叶或初生叶的籽苗统计结果表明，在鲁南枣庄市的薛城（图115b-4）和山亭区周边以及降水量稍多的昌乐（图115b-5）等地侧柏新生苗稍多，而9月降水偏少的济南西部（图115b-12，13，14，15）地区最少，甚至没有。尽管淄博、青州（图115b-6，7）等地雨季降水量巨大，但是因为在侧柏种子集中成熟的9月降水量剧减而新生的侧柏籽苗也很少。

2017年入秋以后9月份的济南降水量大幅下降，月降水量只有5.6mm（图116a-济南）。所以在济南周边侧柏林地内很难找到新萌发的当年侧柏籽苗（图115c-7，8，9，14）。2017年9月降水量更少的平阴、淄博也没有发现当

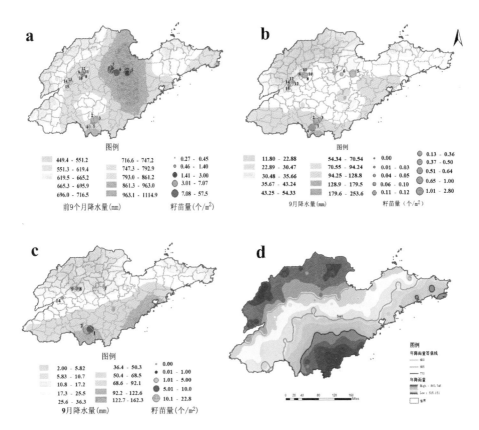

图115 山东省降水量径向基函数（RBF）插值法地统计分析和单位面积籽苗数量分布图；a. 数次
台风袭扰后2018年前9个月的降水量和山地阴坡具有数对或十几对初生叶的籽苗量（个/m²），样点
数n=15；b. 2018年9月降水量和山地阴坡秋季萌发的仅有一对子叶或初生叶的籽苗量（个/m²），
n=15；c. 2017年9月降水量（mm）和侧柏籽苗数（个/m²）的分布，n=6；d. 山东省年平均降水
量（mm）及等值线。

年萌发的侧柏籽苗痕迹。山东南部的枣庄市因雨季降水量达到600mm，9月降
水量达130.8mm（图116a-枣庄），所以当年集中萌生侧柏籽苗可达10-20个/
m²。综上所述，侧柏种子的萌发和籽苗数量随降水的波动变化差异明显。且
降水多少对种子吸胀和萌发出土至关重要。然而，在一些降水量整体偏少的
地区以及降水从多到少的过渡区，时而保存下来的籽苗并不算很少。研究发
现，所调查的籽苗数量不仅受当年降水的影响，而且与上年秋季萌发的籽苗
数有关。在枣庄周边（图115c-1，2）2017年秋季9月降水量较大且集中，这

为侧柏种子萌发和籽苗保存创造了较好的条件，该年秋季萌生侧柏籽苗为数较多（10-20个/m²）。2018年在该地调查的籽苗数（图115a）在一定程度上受2017年秋季侧柏籽苗较多的影响（图115c-1，2）。不仅如此，2017年在侧柏较为集中栽培的区域调研表明，该年度侧柏籽苗出土的数量与降水量之间也存在显著的相关性（图115c）。

2017年雨季降水量适中的我国西北的山西中阳柏洼山有侧柏籽苗的萌生，但远不如山东省枣庄市周边的籽苗多。若继续向西北延伸到陕北神木和内蒙古包头降水偏少的地区，则难以找到当年侧柏籽苗。所以，沿降水梯度的7个典型市、县的17个地点进行的调研结果是单位面积上侧柏出苗量与雨季

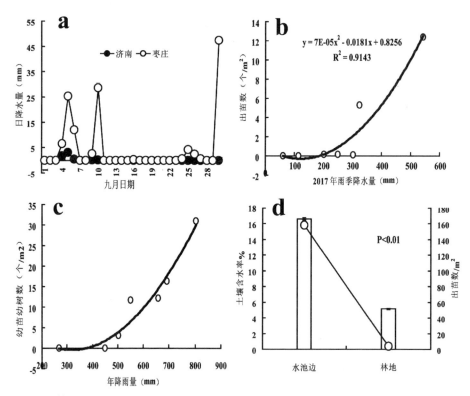

图116　侧柏籽苗更新与雨季降水、年降水和天然下种期降水的关系；a. 济南市和枣庄市2017年9月的日降水过程；b. 2017年侧柏单位面积籽苗出苗量与雨季降水量之间的相关关系；c. 侧柏幼苗和幼树数量与平均年降水量之间的相关关系；d. 济南市燕子山侧柏疏伐林地（林地）和集水池上沿（水池边）土壤含水率和单位面积出苗数的对比。

降水量之间呈显著的抛物线正相关关系（图116b，$R^2=0.9143$）。不仅如此，单位面积上侧柏幼苗、幼树数量与年平均降水量之间同样呈现显著抛物线正相关关系（图116c，$R^2=0.9465$）。在西北黄土高原区，具储水功能的凹陷植树穴内常观察到刚萌生的侧柏籽苗。也就是说，丰沛的降水及保水措施有利于侧柏种子的萌发。不仅如此，济南市燕子山侧柏林地与沟底集水池上沿相比土壤含水量存在巨大差异，这直接导致侧柏种子萌发出土数量的明显不同（图116d，$P<0.01$）。林地内单位面积上侧柏籽苗不足5个，而水池上沿由于山地水土再分配的效应侧柏种子大量萌发出土，每平方米可达158个以上，个别集中萌发的地块侧柏籽苗多得数不胜数。这与往年在燕子山的系统性研究中得出的结果一致（王斐等，2015），为秋季侧柏种子成熟期人工补水促进种子萌发提供了理论依据。

5.3 侧柏种子夏季萌发问题

2014年4月29日、6月1日、8月22日和9月5日进行的四次林地播种试验以及2015年用同样的方法进行重复试验结果表明，在没有人工补水的条件下在相对干旱的4月到6月播种的种子几乎一个出苗的也没有看到。2014年8月下旬播种的种子萌发率5%左右，而9月初播种的种子出苗率27.5%（图117a）。与此同时，2014年林地侧柏种子大量萌发事件中上层强度疏伐（保留80株/667m²）试验地（15m×30m）内自然萌生籽苗同样是9月出苗率最高。5–6月调查几乎没有发现籽苗，8月底调查仅发现二十几个籽苗，9月底调查有籽苗500多个。显然，8月底到9月初侧柏种子萌发较多且播种效果最佳。2015年播种试验表明8月之前种子同样难以萌发，5月17日播种没有发现有出苗的情况。2015年初夏的6月和7月较为干旱，而8月底和9月初降水量偏多，9月6日以后降水量很少，且持续干旱（图117b）和高温。结果8月17日播下的种子平

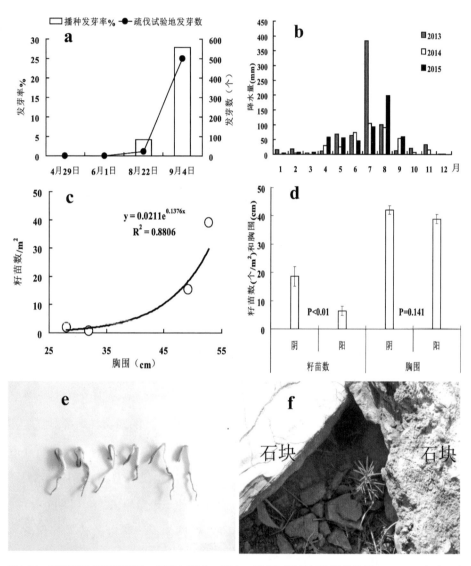

图117 侧柏籽苗春夏季萌发、保存与降水、浇水、遮阴以及母树胸围的关系；a. 2014年度四次林地播种试验发芽率和疏伐试验地自然萌发数；b. 2013年1月–2015年9月济南的降水量数据资料；c. 鲁北2018年雨季强降雨区单位面积上籽苗数（个/m²）与母树胸围之间的相关关系；d. 阳坡和阴坡籽苗数（个/m²）、母树胸围的差异；e. 从山顶阳坡全光照下扒出的（因胚轴滞育而不能出土的）已萌发侧柏籽苗；f. 山顶阳坡全光照下用石块侧方遮荫的籽苗。

均萌发率为15.5%，9月初播下的种子平均萌发率为13.3%。

在图116a中值得注意的是，尽管个别样点地处降水丰沛的多雨区，其籽苗数并非很多。经调研发现，这种籽苗数量的分化在一定程度上受母树生长状态和立地环境的影响。图117c呈现的是2018年雨季降水非常丰沛而集中的泰沂山北麓部分地区保存下来的侧柏籽苗数与周边母树胸围的正相关关系，即母树越大、生长越旺盛，树冠周边的籽苗越多。而且这些侧柏籽苗大多集中在汇水坡面、水沟两侧水土再分配受益最明显的地块。

尽管如此，经调查发现山地阴坡萌发的侧柏籽苗数量明显多于阳坡（图117d，P<0.01），并且在这些种子集中萌发的阳坡与阴坡调查样地之间并没有观测到母树胸围的显著性差异（图117d，P=0.141）。也就是说，尽管阴坡往往比阳坡的侧柏生长量大，但是所观测到的侧柏籽苗大量萌发的林地之下二者之间的胸围并没有统计学上有意义的显著性差异。然而，两种立地环境下侧柏籽苗数量差异巨大，且达到统计学意义上的极显著水平。这意味着，阴坡更加适宜的阴湿环境是该年度侧柏种子萌发和生长的良好条件，侧柏种子萌发并非需要夏季的高温环境。然而，盛夏的高温和全光环境不仅提高了土壤和大气的温度，更加重要的增加了蒸气压差，加快了水分的蒸发蒸腾。这时即使降水充足、土壤含水量适宜，林窗等全光照环境中侧柏籽苗难以出土。侧柏的种子属于出土萌发类型，播下去的种子即使已经萌芽，在土壤表层高温干燥的环境中下胚轴滞育而不能出土（图117e）。久而久之，在没能建立起稳定的自营体系之前而夭折。然而应用石块侧方遮荫处理的种子不仅可以萌发，而且籽苗宜生长正常（图117f）。石块隔绝了直射阳光、降低了局部土壤温度、增加了土壤湿度，此类小环境的创建促进了种子的萌发和幼苗的生长和保存。

5.4 侧柏种子萌发最优时期以及与侧柏林伴生树种间的竞争关系

　　侧柏林更新受制于复杂的生态因素，除了非生物环境的影响外，一些植物种的竞争也是不可小视的因素之一。为此我们分别在冬季、春季和夏季进行了侧柏、酸枣和荆条种子萌发试验。始于2018年1月8日的发芽对比结果表明，在冬季室温（13℃-18℃）环境中，侧柏种子经催芽之后，萌发速度与秋季试验接近。第13或14天开始发芽，20天达到或接近高峰值，以后持续较长时间陆续有少量种子萌发。这意味着侧柏种子萌发并不要求较高的气温，而荆条在这种相对低温的环境中不能萌发。试验直到春季4月初气温升高到20℃以上，才逐渐有少量荆条种子发芽（有文字记载荆条种子在气温30℃时萌发最快（国家林业局国有林场和林木种苗工作站主编，2001），且萌芽率不高。酸枣种皮厚而木质化，吸胀和打破休眠过程较长，同样在发芽试验开始3个月后才开始有零星萌发（图118a）。

　　始于4月中旬的重复试验中，室内气温已经上升到24℃-26℃。侧柏种子一如既往仍然需要10数日（4月30日）开始萌发而后迅速达到峰值，且发芽率较高（图118b）。在这一相对较高的气温环境中，荆条发芽的起始时间与侧柏不相上下且持续萌发，尽管峰值出现的稍晚。而酸枣照样需要很长的吸胀破壳时间直到试验结束没有种子发芽。事实上，这与林地内看到的现象相吻合；在林地中秋季时而见到侧柏籽苗出土、而春夏季节常看到荆条集中萌发，酸枣很少有大量集中萌发的现象。以往大量的试验研究表明林地内侧柏种子在夏季萌发较为少见，7月下旬（气温30℃左右）进行的室内种子发芽试验表明，在短短的5天之内，荆条已经发芽10%以上，而侧柏和酸枣的发芽率为0（图118c）。8天以后荆条累计发芽率达到20%以上，且单日发芽已经很

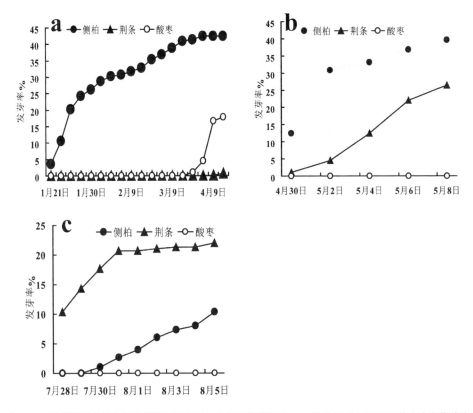

图118 侧柏及其常见竞争种荆条和酸枣当年生种子萌发试验；a. 始于2018年1月8日的室内发芽试验的发芽率；b. 始于2018年4月15日的室内发芽试验的发芽率；c. 始于2018年7月19日的室内发芽试验的发芽率。

少；这时侧柏发芽率还不足5%，酸枣依然没有发芽，两周之后侧柏发芽率刚到10%左右。所以，夏季高温不利于侧柏种子的萌发。

这三次发芽试验结果有一个共同的趋势，侧柏种子基本上不存在休眠的问题，且要求不太高的温度。相对于温和的条件，高温环境中侧柏种子发芽较为缓慢；在林地环境中则大量集中萌发于4月和9月降雨量充足的年份。荆条在低温环境中难以萌发，只有到春夏之交气温转暖之时才开始萌发，高温环境中萌发较快。而酸枣受制于厚而硬的种皮需要2-3个月的破壳过程。这在自然环境中有利于长期持续地保持种子活力，有利于种子自身对环境的选择。相比之下，荆条只有在春季或夏季萌发的概率较大。而侧柏更加适合母树下种后气温凉爽的秋季或春季萌发出土。

5.5　秋季人工补水促进侧柏林地种子萌发

为了进一步验证秋季9月降水对侧柏种子萌发的促进作用，我们于干旱的2017年进行侧柏林地人工补水促进种子萌发的试验，试验始于9月11日。试验地点位于济南市南部的燕子山试验林场，试验在燕子山西坡林窗空地（林窗）、山顶侧柏疏林地（山顶）和每667m²保留110株的疏伐林地（西110）内进行。西110疏林试验地经修枝和割灌使林地透光度接近于优化林分结构。9月初采集当年成熟的侧柏种子，过8目筛之后，称取每份2.19克（按平均千粒重换算约90粒）的播种包待用。试验采用半径30cm的半圆形穴状整地，整地深度约30cm。树穴外高内低，而在山巅疏林地内设置的树穴较为平整。

试验设3种处理，分别是模拟人工育苗方式的覆土（覆土厚度约1cm）+浇水处理、模拟母树下种前后持续降雨的浇水而不覆土的处理和只模拟母树下种的不浇水、不覆土的对照处理。各处理在上述每种立地（林窗、山顶和西110）上以半圆形树穴为基本单元重复进行3次。浇水处理采用高压水泵提水、塑料水罐储水和地面灌溉的方式进行。浇水处理以保持土壤湿润、不发生严重干旱为准。起初三天一次、一般每周浇一次。待出苗后停止浇水或发生严重干旱时及时补水。在补水试验地内，不仅对播种试验树穴浇水，而且对周边植苗更新的树穴进行地面灌水，在3株母树下方下种区用塑料水罐和PE水管设置简易滴灌系统进行人工补水，以便进行对比。

试验以撒播方式于2017年9月11日播种。2017年9月21日开始出苗，9月28日开始第一次出苗率调查。以后分别于10月8日、10月25日和11月5日持续调查出苗率%，并于次年3月30日调查越冬保存率。因为试验期间林地母树正在不断下种之中，而且经历10月超常年水平的降水，林地和试验树穴有新增籽苗萌发，所以出苗率的统计持续到11月5日。而在3月30日计算的保存率很大程度上是反映侧柏苗越冬和经历春季干旱之后的保存率。出苗率和保存率的计算分别见公式9和公式10：

$$出苗率\% = 100 \times 出苗数/播种数 \tag{9}$$

$$保存率\% = 100 \times 保存苗数/播种数 \tag{10}$$

其中，出苗数是截至到某一时期每一树穴出土籽苗的总数，播种数是每树穴播种的种子数量。保存苗数是指截至到某一时期（本次试验用2018年3月30日）每树穴保留下来的籽苗数量。

此外，为了更加准确地反映出苗后幼苗的保存率，定义和计算了出基保存率。其计算方法见公式11：

$$出基保存率\% = 100 \times 保存苗数/出苗数 \tag{11}$$

其中保存苗数为2018年3月30日实际保存下来的籽苗数量，出苗数为截至2017年11月5日单位面积上萌发出土的籽苗数。

在此基础上，分别对浇水+覆土、浇水和对照以及林窗、西坡疏伐林地（西110）和山顶疏林（山顶）进行统计分析。实验结果表明，2017年燕子山林场侧柏林人工补水促进种子萌发的试验效果明显，三种处理之间差异显著。且浇水+覆土的处理出苗率最高（40.5%±6.6），浇水处理次之（20.5%±5.3），不进行人工补水的对照处理出苗率只有6.7%±2.3（图119a）。显然，人工补水提高了侧柏种子萌发和籽苗出土的数量。不同立地条件的作用未能达到统计学意义上的显著性差异（图119b），但是有山下出苗多于山上、林地多于林窗的趋势。

2017年9月在燕子山林场侧柏林植苗更新栽植的树穴内持续浇水数次，再加上10月的降水，当年下种的种子也大量萌发（图120a），籽苗数量最多者每树穴可达88个。相比之下，在济南及周边市、区的侧柏林内难以寻觅新萌生的侧柏籽苗。其实，在一些母树下，若设置简易滴灌系统持续地提供补充水分使土壤保持湿润，甚至可以出现大量侧柏种子同时聚集萌发的效果

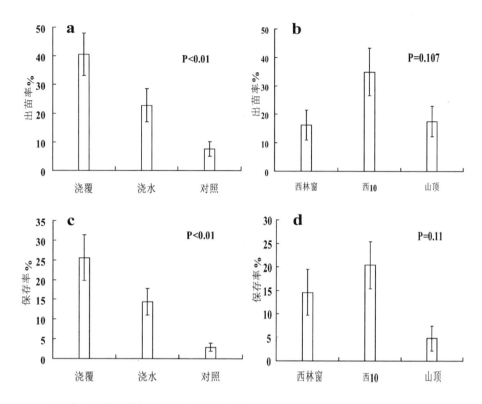

图119 济南燕子山林场侧柏人工补水促进林地母树下种季节种子发芽出苗和越冬保存的试验结果；a. 截至2017年11月5日侧柏试验树穴籽苗出苗率，其中浇覆为浇水+覆土的模拟人工育苗处理，浇水为模拟天然下种后及时下雨而不覆土的处理，对照为模拟天然下种而进行的只播种而不浇水也不覆土的处理；b. 2017年11月5日不同立地条件下侧柏试验树穴籽苗出苗率，其中西林窗为西坡林窗空地、西110为西坡保留110株/667m²的林地，而山顶为山顶疏林平地；c. 2018年3月30日调查的不同处理籽苗保存率；d. 2018年3月30日调查的不同立地环境下籽苗保存率。

图120 补水促进林地侧柏种子萌发；a. 植苗树穴内萌生的籽苗；b. 滴灌林地集中萌生的籽苗；c. 输水管道接口滴水促生的幼苗。

（图120b）。更有甚者，在我们的人工补水灌溉系统的管道接口（图120c）、储水器阀门以及集水池周边因局部的滴水、溢水和蓄水地周边也时常看到有侧柏籽苗的萌生。也就是说，在解决了济南周边侧柏种子成熟季节进入旱季时的供水不足问题后，侧柏种子集中萌发的奇迹是不难出现的。尽管侧柏耐干旱瘠薄，但是其幼苗对水分有较大的依赖性，没有足够的水分难以萌发成苗。相对于成年大树，幼苗则表现出明显的对极端干热或冬旱环境的脆弱性。

经过2017年持续冬旱的袭扰，侧柏籽苗数量明显减少。那些晚秋或初冬萌发的籽苗，因未能长出真正的初生叶、根系发育不完善而干枯。侧柏籽苗的保存率明显降低（图119c，119d），尤其是在山巅干热缺水的立地上。相比之下，在初秋播种萌发、越冬之前已经长出十几对初生叶的籽苗，保存率较高。

5.6　侧柏林人工补水试验与萌生苗的存活和保存

2017年9月济南及周边地、市干旱少雨，在燕子山林场进行的人工补水播种试验明显促进了种子的萌发，而模拟自然下种的对照试验处理难以出苗（图121a）。伴随着时间的推移，10月超常年的降水量使得对照处理组在树穴内侧的积水处也萌发零星的籽苗，尤其是10月25日之后（图121a，121d）。在模拟天然下种和下雨同时发生的浇水组合试验中，出苗数量同样较少。据观察，主要是因为种子浮动于地面，只有那些被水流汇集到树穴的低洼内侧（甚至被冲蚀土粒覆盖后）才有可能吸收更多水分而萌发，尤其是西坡林地。相比之下，山巅平地树穴几乎没有坡度，水分流失较少。而且种子多集中在树穴中央，每次浇水均可吸足水分从而增加了萌发的几率（图121c）。浇水+覆土的组合如同人工育苗，只要浇水适宜，9月新种子可大

木本植物响应环境胁迫的复杂性及其解析

量萌发（图121a）。所以，浇水与不浇水的处理间差异明显。而在浇水处理间，西110林地环境中有母树下种，10月降水期间气温凉爽适宜，出苗数量因种子库容量的增加而有一个明显的增量出现（图121b），而且这种出苗的增量在山巅疏林平地中则更加明显（图121d）。

鉴于人们统计植苗成活和播种萌发的出发点和着重点不同，造林、林地更新和播种苗保存率的定义或计算并非统一。有人以栽植株数（播种数）作

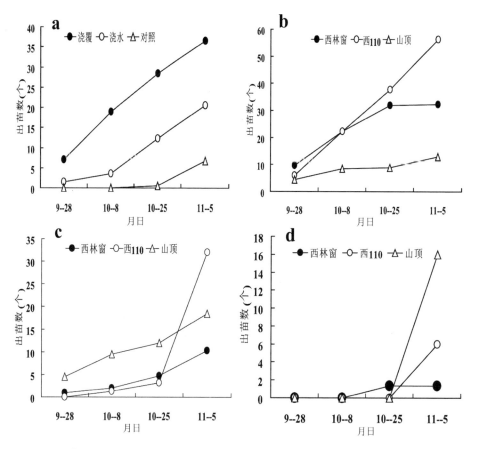

图121 济南燕子山林场2017年侧柏林地人工补水促进种子萌发试验的出苗过程；a. 所有立地上不同试验处理间萌发出苗过程（浇覆为浇水+覆土，浇水为浇水不覆土，对照为不浇水不覆土）；b. 不同立地环境浇覆试验处理萌发出苗的过程（西林窗为西坡林窗空地，西110为西坡保留110株/667m²的疏伐林地，山顶为山顶疏林平地）；c. 不同立地环境浇水试验处理萌发出苗的过程；d. 不同立地环境对照试验处理萌发出苗的过程。

为统计基数，也有人以成活株数（出苗或成活量）为基数，结果差异较大。我们的研究以不同的计算方法以便对试验结果进行了较为客观而全面的解析。

调查统计结果表明，截至到2018年3月31日，林地补水促进侧柏种子萌发试验的不同试验处理间出基保存率没有统计学意义上的明显差异（图122a，P=0.6）。该参数反映的是出苗后籽苗越冬、抵御环境胁迫的结果，种子萌发初期的人工补水对其影响有限。而不同试验地之间呈现显著的差异（图122b，P<0.05），说明侧柏籽苗出苗后的生长环境对籽苗保存量影响较大。在密闭林地中，林下光照条件偏弱，子叶纤细短小、籽苗苗条（图122c，P<0.01），不耐干旱；越冬时籽苗呈绿色（G/L值较大），出基保存率较低（图122b），甚至在越冬之前就已经因干旱而枯死。而在全光照的林窗下，

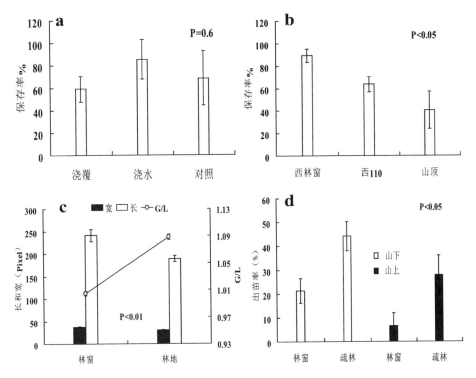

图122　籽苗出基保存率及其反映的籽苗生长状态；a. 不同试验处理籽苗出基保存率的差异；b. 不同试验地籽苗出基保存率的差异；c. 林窗和林地环境中侧柏子叶长度、宽度和越冬期叶色（G/L值）的差异；d. 不同环境下出苗率的差异。

籽苗粗壮（图122c）、根系发达，且越冬时籽苗呈红褐色的光保护特征（G/L值较小），出基保存率较高（图122b）。显然，不同基数的保存率指标反映的结果信息差异较大。使用得当可以更加全面和可靠地反映侧柏种子萌发和成长的过程，甚至可以更加贴切地评价人工促进侧柏更新的效果。不同立地环境对种子萌发和幼苗成长的影响较大。林窗和疏林内小气候环境的差异，再加上母树下种的有无，使得疏林比林窗出苗率明显提高。山下土壤条件优越，再加上母树种子质量较好，出苗率也较高（图122d；P<0.05）。

侧柏籽苗在春夏之交易于因旱而枯萎。不仅2018年如此，2017年夏季来临之际，气温升高，蒸腾耗水量增加，再加上短暂的气候干旱，据观测，2016年秋季萌生的侧柏越冬籽苗在2017年5月短短的半月之内数量剧减，尤其是干旱瘠薄的阳坡（图123a）。而在燕子山林场西坡偏北的阴湿环境中，仍有少量种子在刚刚过去的降水过程之后萌发出土。因此，侧柏幼苗数量不减，且略有增加。显然，湿润的环境有利于侧柏种子的萌发，而在干旱的阳坡，不仅没有种子的萌发，上一年保存下来的籽苗也因干旱而枯萎。在光照不足的密林阴湿环境中，尽管侧柏种子萌发容易，但籽苗纤弱、根系欠发育，更容易因旱而死亡。所以，2017年接下来的夏季干旱中燕子山林场保存下来的新萌籽苗难得一见。

基于以上原因，适度光照有利于侧柏籽苗的存活，燕子山林场周边密度过大的林分（林地透光度在0.2-0.3之间），尽管在降雨后时常可以看到林地内种子的萌发和当年生幼苗的出现，然而真正能存活下来的则很少或者没有。即使土壤条件适宜的环境中也是如此，2年生以上的籽苗难得一见（图123b）。相比之下，在林地透光度稍大（0.4-0.5）的林分中，2年以上的籽苗稍有增加（图123c）。而透光度在0.5-0.7之间的汇水坡面，不仅有2-3年的侧柏籽苗（图123d），而且还生存着各个龄级的幼树。

与侧柏林上层幼树相比，林下刚萌生的侧柏籽苗对适宜的光线要求更高，在秋季萌发出土后往往与一些落叶阔叶灌木的落叶期重叠，一旦籽苗被枯枝落叶覆盖，生长极为缓慢、形态细弱、易于干枯死亡。据2014年秋季济

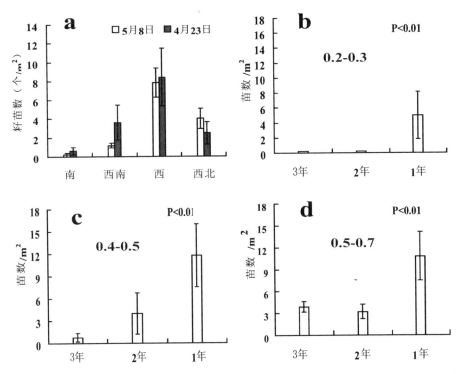

图123　济南燕子山林场周边侧柏幼苗的动态变化事例；a. 2016-2017年燕子山林场西坡中部不同坡向林地内侧柏籽苗的变化，灰色柱为2017年4月23日调查结果，白色柱为同年5月8日的调查结果；b. 2013-2014年期间0.2-0.3林分透光度的林分侧柏籽苗的数量；c. 2013-2014年期间0.4-0.5林分透光度的林分侧柏籽苗的数量；d. 2013-2014年期间0.5-0.7林分透光度的林分侧柏籽苗的数量。

南六里山侧柏林某一典型事例调查发现，刚萌生不到一个月的籽苗，在枯枝落叶的覆盖下，将近50%的籽苗只有一对或者少于一对真正的初生叶。相比之下，那些未被覆盖的籽苗大多已经长出很多初生叶，小于或等于一对初生叶的籽苗占比不到10%（图124a）。不仅如此，每50个被覆盖的籽苗的重量明显比未覆盖的籽苗要轻得多，且达到统计学上有意义的极显著水平（图124b）。这意味着侧柏幼苗对遮光较为敏感，光线不足、生长衰弱、对干热的环境胁迫更加敏感。

　　显然，林木种子和籽苗对环境条件的变化较为敏感，影响因素也更多。幼苗的存活受极端气象事件及其叠加的影响更大。2018年夏季的6-9月，受台风雨的影响，济南降水量明显偏多，全年降水量859mm，比常年多2成以上。前8个月的降水量是常年的1.41倍，而4-8月的降水量是常年的1.44倍（图125a）。相比之下自2018年9月到2019年7月11个月的降水量不足同期常年降水量的6成。其结果导致燕子山新植侧柏幼树（图125b）或者当年萌生籽苗时常处于"高烧"的指温差负值状态，只有那些在林内树冠的遮荫下的植株，经历严峻的干热胁迫后仍然处于较小的正值范围。

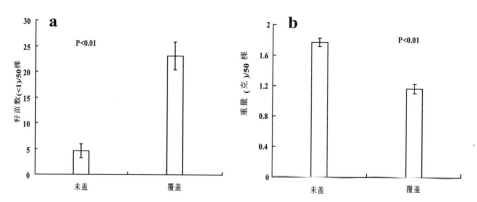

图124　侧柏林地萌生籽苗对光照环境的敏感性；a. 枯枝落叶覆盖与否每50个籽苗内小于一对真叶的籽苗数（个）；b. 每50个籽苗的鲜重（克）。

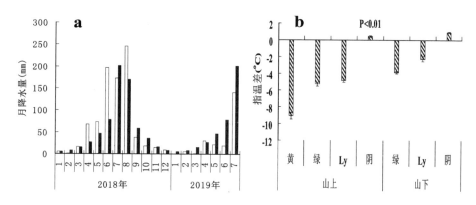

图125　2018年1月到2019年7月济南市龟山站月降水急转事件；a. 2018年1月到2019年7月济南市龟山站月降水量；b. 2019年经历降水急转和持续干旱后不同环境条件下新植侧柏幼树指温差值；其中"黄"是鳞叶失绿变黄的树苗，"绿"是鳞叶仍然呈绿色的树苗，"Ly"是疏林树冠下栽植的树苗，"阴"是林窗内阴影遮挡的树苗。

　　降水从多到少的急转直下和持续的高温干旱诱发"细高"的侧柏植株的枯死和双条杉天牛的危害，尤其是岩石裸露的山巅阳坡立地以及汇水坡面下沿周边，这些"贪青徒长"枝叶过度冗余的植株，因水分和能量失衡而枯萎，而天牛等寄生虫则加剧了其枯萎的进程。此次降水急转事件甚至诱发个别天然更新幼树的干枯死亡，而且2018年雨季植苗更新造林的植株从近乎100%成活率经历持续的干旱胁迫之后到2019年保存率降低到不足50%，尤其是干旱瘠薄山巅薄土立地条件下栽培的植株。山地下部立地条件优越的地块"高烧"胁迫较轻，保存率较高，尤其是侧方遮荫的林窗环境（图125b）。

　　2019年夏季午间阳光直射的极端干热条件下，当年新栽的侧柏籽苗以及幼树呈现并不常见的指温差负值。结果保存下来的籽苗不断干枯死亡，且保存率不高。也为燕子山侧柏林缘内侧受压木易于枯萎的事实提供了理论依据。

　　总之，水分和光照是侧柏更新的重要环境条件。在优化的水分和光照环境中，侧柏林更新和生长良好（王斐，2017；王斐等，2016）。在光照充足的林窗，水分条件是种子萌发和成苗的限制因素，甚至短时的降水急转事件足以引发一波新萌生籽苗的枯萎和夭折。相比之下，在相对阴湿的林地环境中，光照不足又成为限制籽苗成长的关键，甚至在密闭的林下难以看到存活和保存下来的籽苗。通过人工水土资源的再分配，优化调整林分结构可以促进侧柏林地环境的优化和林木的更新。所以，水分和能量失衡与林分结构以及不同物种之间的作用关系等等对生态系统具有更加深远的影响。在森林培育和木本植物栽培中应逐步学会应对更加复杂的环境条件和灾害气象事件及其叠加的影响。

参考文献 --------------------------------------➔

Daubenmire R.F. Plants and environments［M］. John Wiley & Sons，1959，176，180.

国家林业局国有林场和林木种苗工作站主编.中国木本植物种子［M］.北京：中国林业出版社，2001，975-979.

Kramer P.J.，Kozlowski T.T. 木本植物生理学［M］.北京：中国林业出版社，1985，1-859.

王斐.弱竞争模式下的侧柏适宜营养面积和林分密度［J］.西南林业大学学报，2017，37（6）：1-10.

王斐，臧丽鹏.光热和水分条件对石灰岩山地侧柏人工林更新的影响［J］.防护林科技，2016，2016（7）：1-6.

王斐，吴德军，臧丽鹏等.侧柏林地种子集中萌发的解析［J］.山东林业科技，2015，6：1-8.

王斐，张继权.植物响应环境胁迫的重要特征和机制［M］.北京：科学出版社.2017，1-230.

附　录

附录1　叶片和针叶花色素苷的提取及其相关参数的构造和计算

　　上述各章节所属的花色素苷含量的测试，采用1%盐酸甲醇（1%盐酸+99%无水甲醇）浸提8、24或48等小时后进行。依据研究目的的不同分别采集当年或2年生黑松针叶或济南市常见的落叶和常绿阔叶树叶片进行测试分析。洗净样叶表面浮尘、擦干浮水后，称取1g混合样品，剪成1mm×1mm碎块，或将针叶切成1mm长的小段。置入含25mL 1%盐酸甲醇的试管内，在室内自然温度下分别浸提8、24或48小时。浸提期间不断地搅动以便提高提取效率。然后，吸取提取液用UV-2102紫外可见光分光光度计于525nm、663nm和645nm下测定吸光度值。重复3-5次。并且以OD525/OD645（525/645）的比值来估计花色素苷与叶绿素的浓度比。

附录2　树木枝叶含水率和保水能力（角质蒸腾）的测定

2.1　枝叶含水率（WC）的测定

采用快速称重法于室内用电子天平（津岛AUY120，1/10000g）测得。枝叶采集后立即称重，风干10天（或更长时期）后称得风干重量，以公式附2-1计算含水率。

$$WC\% = \frac{FW-DW}{FW} \times 100\%　　　　　　（附2-1）$$

其中，FW为枝叶鲜重而DW为枝叶室内自然环境下（RH=50%–70%，Temp=20℃–25℃）的风干重。

2.2　枝叶保水能力（角质蒸腾）的测定

从新栽植的树苗或幼树上选择当年抽生新枝，按叶序将枝叶分开。置于干燥的室温（气温20℃–30℃和相对湿度40%–60%）环境中。按一定的时间间隔（1、1、2、2、3、3、5、7、8、8、8……小时），用岛津（AUY120）电子天平称重。以公式附2-2计算各时段的失水率，并以此失水率的高低估测其保水能力（角质层蒸腾）的强弱。

$$Wl\% = \frac{FW-DWi}{FW} \times 100\%　　　　　　（附2-2）$$

其中，$Wl\%$为叶片保水能力，FW为叶片鲜重而DWi为i时段叶片的重量，i = 1，2，4，6，9，12，17，24，32，40，48……小时。

附录3 热红外成像枝叶热温的测定以及土壤含水量的估测

3.1 热红外图像拍摄

热红外图像用NEC H2640 热红外相机（波长8-13μm）拍摄。该相机的测温范围为-40℃到500℃，最小感温能力0.03℃。热红外图像是在设定灵敏度自动追踪、发射系数为0.98的状态下手持摄像机于目标叶/木芯上方50-100cm处调焦清晰后，在自然光下顺光拍摄的。拍摄鳞叶时将约30-40叶隆成束，直接拍摄成束的鳞叶部位。树干的木芯是用5mm生长锥在胸高部位钻取的，木芯以钻过树干的一半为准。木芯钻取后立即放入适当的塑料吸管中封闭两端待用，采样完成后所有木芯迅速整齐地用双面胶带粘贴在画板上，随后持续拍摄热红外图像直到拍得清晰的图像为止。

林地的热像温度拍摄于上午9：00到11：00之间，拍摄时手持摄像机于距地160cm处调焦清晰后，在自然光下顺光拍摄的，热像温度值来自整幅热像的温度平均值。

3.2 相对热温指数

为了增加不同热像中热温数据的可比性，在热温数据分析时有时应用相对热温指数。相对热温指数是目标器官或组织之间的热温差或热温比值，如指温差指数和指温比指数。分别定义于公式附3-1和公式附3-2。

$$TD_{lf} = \sum_{i=1}^{n} (Tf_i - Tl_i) / n \qquad （附3-1）$$

其中。TD_{lf}是指温差指数，Tl_i为第 i 重复观测的热温数值，而Tf_i为第 i 重复观测的手指热温数值。n为重复数。

$$TR_{lf} = \sum_{i=1}^{n} (Tl_i / Tf_i) / n \qquad （附3-2）$$

其中。TR_{lf}是指温比指数，Tl_i为第i重复观测的热温数值，而Tf_i为第i重复观测的手指热温数值。n为重复数。

此类热温指数以观测者的指温为参照，测试结果更加稳定和具有可比性。在实际观测过程中有时也应用同一热像中不同部位的热温的比值进行比较分析，如伐倒木之伐桩横截面的边材和心材热温比（边心温比）。

附录4　RGB图像解析及叶片或针叶的G/R和G/L值的计算

叶片或针叶的G/R$_{leaf}$和G/L$_{leaf}$值由下述过程观测和计算而来。首先应用Photoshop软件选择或抽出目标叶片或针叶，然后读取绿（G）、红（R）和亮度（L）的平均像素值，G/R$_{leaf}$由公式附4-1计算而来：

$$G/R_{leaf} = \frac{\sum_{i=0}^{255} N_i \times i / \sum_{i=0}^{255} N_i}{\sum_{j=0}^{255} N_j \times j / \sum_{j=0}^{255} N_j} \qquad （附4-1）$$

$$G = \sum_{i=0}^{255} N_i \times i / \sum_{i=0}^{255} N_i \qquad （附4-2）$$

其中，N_i是绿色在i波段像素数，i = 0，1，2…，255，N_j是红色在j波段像素数，j = 0，1，2…，255。G值的算法见公式附4-2。

其中，N_i是绿色在i波段像素数，i = 0，1，2…，255.

依据RGB色系和Lab色系的换算公式，L值是R、G和B值得线形函数，由附4-3式计算而来：

$$L = 0.299R + 0.587G + 0.114B \qquad （附4-3）$$

因此，G/L$_{leaf}$由附4-4计算而来：

$$G/L_{leaf} = \frac{\sum\limits_{i=0}^{255} N_i \times i / \sum\limits_{i=0}^{255} N_i}{0.299R + 0.587G + 0.114B} \qquad （附4-4）$$

附录5 叶绿素含量的测定和叶绿素光解试验及红色光解产物的测试

5.1 分光光度法测定叶绿素含量

应用95%乙醇提取48小时，以提取液为对照，在663nm、645nm下测定吸光度。测定步骤

（1）取样0.01g，放入研钵中加入80%的丙酮（约1mL），研磨成匀浆。

（2）各吸取500ul于两个离心管中。

（3）95%乙醇（每次加1mL，各吸取500ul于两个离心管中，两次）。

（4）摇匀，离心。

（3）以95%的乙醇为空白，测定吸光度。

结果计算：

叶绿素总量C＝20.2D645＋8.02D663，色素在叶片中的含量＝（叶色素总浓度×提取液体积）/样品质量。

5.2 叶绿素降解试验及红色降解产物的测试

提取植物叶绿素的红色降解物的方法步骤如下：采集3-10片待测植物的

正常成熟叶片，冲洗干净后除去表面浮水，剪碎成1mm²大小，称取666.6mg置入透明离心管（或比色杯）中（图126），加入4mL无水乙醇，在无光条件下混合进行浸提处理，无光浸提处理后得到浸提液，然后将浸提液过滤得到浸提滤液。在中午11：00-13：00阳光直射下进行光降解反应，直到叶绿素漂白或者生成红色降解产物。在此过程中分别拍摄相应的数字图像和热红外图像以进行RGB和热温的解析。

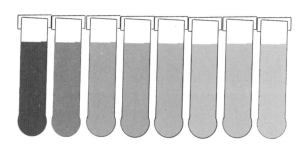

图126　叶绿素光降解及红色降解物生成用的透明离心管及其试验排列

附录6　气象参数的构建和计算

6.1　累算干燥度指数和累算湿润度指数

累算干燥度指数和累算湿润度指数的构建和计算按公式附6-1，附6-2定义。气象数据分析时采用的10（或5）小时累算干燥度指数和累算湿润度指数。累算干燥度指数（AD10/AD5）和累算湿润度指数（HD10/HD5）分别由公式附6-1，附6-2计算而来。

$$AD10_i = \sum_{j=1}^{n} MT_{i+j} \Big/ \sum_{j=1}^{n} PR_{i+j} \qquad （附6-1）$$

$$\text{HD10}_i = \sum_{j=1}^{n} PR_{i+j} \Big/ \sum_{j=1}^{n} MT_{i+j} \qquad （附6-2）$$

其中，$i = 1$，$2 \cdots$，365，每年的1月1日$i = 1$，$j=1$，2，$\cdots$，n，$n = 10$日或5时，且MT是最高气温，PR是降水量。

6.2　七月和六、七、八月降水急转常年比

7月降水量常年比的算法见公式附6-3。

$$\text{7月降水急转常年比} = \left(P_{7y} \Big/ \left(\sum_{i=8}^{12} P_{yi} + \sum_{j=1}^{7} P_{(y+1)j} \right) \right) \Big/ \left(\overline{P_7} \Big/ \sum_{j=1}^{7} \overline{p_i} \right) \qquad （附6-3）$$

其中，P_{7y}为y年7月份的降水量，P_{yi}为y年第i月的降水量，$i = 8$，9，10，11，12；$P_{(y+1)j}$为第$y+1$年第j月的降水量，$j = 1$，2，$\cdots$，7；$\overline{P_7}$为7月份平均降水量，$\overline{p_i}$为第i月的降水量，$i = 1$，2，$\cdots$，12。

6，7，8月降水急转常年比的算法见公式附6-4。

$$\text{6，7，8月降水急转常年比} = \left(P_{678y} \Big/ \left(\sum_{i=9}^{12} P_{yi} + \sum_{j=1}^{8} P_{(y+1)j} \right) \right)$$
$$\Big/ \left(\overline{P_{678}} \Big/ \sum_{j=1}^{12} \overline{p_i} \right) \qquad （附6-4）$$

其中，P_{678y}为y年6、7、8月份的合计降水量，P_{yi}为y年第i月的降水量，$i = 9$，10，11，12；$P_{(y+1)j}$为第$y+1$年第j月的降水量，$j = 1$，2，$\cdots$，8；$\overline{P_{678}}$为6、7、8月份平均降水量的合计，$\overline{p_i}$为第i月的降水量，$i = 1$，2，$\cdots$，12。

附录7　叶片角度的观测

7.1　叶片卷角（JQJ）的测定

叶片卷曲角的测定是应用数码相机近距离拍摄叶尖与叶柄的夹角。首先用Imagetool3.0软件打开图像，而后选择角度测量工具，从叶柄基部开始沿叶柄的延长线定义初始线段，然后按叶片偏转的方向旋转测针直到叶尖指向的方向为止，所测得的角度值即为叶片卷曲角。

7.2　叶片受害内角（IAIA）的测定：

受害部位内角（internal angle of injured area，简称IAIA）是以受害症状在中央叶脉上蔓延到的最远端（如果受害部位远离中央叶脉时以受害部位最靠近叶中心的部位）为顶点（TP），以该点到叶片两侧叶缘受害部位到达的最远端的连线为两边（BD）而构成的角（IAIA）。该角的测量可以使用许多应用软件来完成，如Imagetool 3.0。

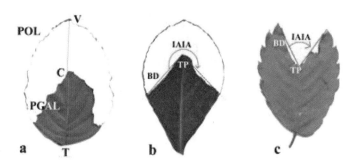

其中POL是指焦枯面积，PGAL是绿色面积，焦枯面积率（LSAP）=100*（POL）/（POL+PGAL）；中央叶脉枯萎率，其中，CV中央叶脉上枯萎部分的长度，TV是其绿色部分的长度。

附录8　气孔的观测及其相关参数的计算

8.1　气孔的观测及气孔密度的计算

相关RGB显微图像的拍摄是应用Caikon CMM 300C反射透射一体显微拍摄系统或Nicon Eclipse-50i透射显微拍摄系统完成。对于透明性较好的婴幼叶常使用透射显微镜观测，而透明度小或不透明的成熟或老龄叶片则使用反射显微镜观察。拍摄前首先采集具有代表性的叶片，如按叶序观测时选择的枝条大小适中，没有畸形叶片，各叶序的叶片差异显著。采集来的叶片迅速在显微镜下观测，随即或按研究目的选择拍摄部位，若随机拍摄需要避开粗大叶脉视域。选择好放大倍率（200-400倍）待调焦清晰设置好拍摄的曝光、增益参数后进行拍摄，存储为JPG/TIF格式的RGB图像。

气孔的观测密度按照如下公式换算成每平方毫米的气孔个数：

气孔密度（个/mm²）=每张拍摄图片内的观测个数×9.318/0.785

8.2　气孔开闭度的观测

气孔的开闭度一般使用气孔的宽/长比值来衡量。观测方法适用Image3.0软件直接测量气孔的宽度和长度，然后按如公式附8-1计算。

$$气孔开闭度（宽/长）= \sum_{i=1}^{n} x_i \Big/ \sum_{i=1}^{n} y_i \qquad （附8-1）$$

其中，x_i为第i个气孔的开口宽度，y_i为第i个气孔的长度，$i = 1, 2\cdots, n$。

8.3　气孔发育度的观测

气孔发育度是指叶片发育完善和未发育完善的气孔的总和与成熟叶片气孔数比值的平均值，由公式附8-2计算而来：

$$\text{Sfyd} = \sum_{i=1}^{n} \text{Yall}_i / \text{Ls}_i / n \qquad （附8-2）$$

其中，Sfyd是气孔发育度指数，Yall_i是第 i 个婴叶所有气孔个数，包括发育完善和刚刚开始发育的；Ls_i是老叶发育完善的气孔数。n 是测定的重复次数。

8.4 气孔面积率的测定

气孔面积率是单位叶面积上气孔面积的百分率。这包括两种确定方法，其一是以气孔保卫细胞内侧加厚壁为轮廓测得的气孔面积率，并称之为气孔面积率a；其二是以气孔保卫细胞（没有副卫细胞者）或副卫细胞外侧细胞壁为轮廓测得的气孔面积率b，并称之为气孔面积率b。具体计算公式为：

气孔面积率a% = 100 ×（单位面积上的气孔个数 × 以保卫细胞内壁为准的平均单气孔面积）/观测面积

气孔面积率b% = 100 ×（单位面积上的气孔个数 × 以保卫或副卫细胞外壁为准的平均单气孔面积）/观测面积

附录9　气象数据的地统计分析和Arcmap制图

从中国国家气象中心气象数据网的对应站点获取各气象观测站点的降水量、气温、风速等等月份和年度数据资料。在此基础上，参照附录6计算对应的气象参数，结合各站点的经纬度地理资料，用ArcGIS的径向基函数插值法（RBF）及规则样条函数对其进行地统计分析。从小到大依次将降水量分成10个等级，然后用10种不同深度的蓝和红色绘制气象参数的地统计分布图。然后将树木的生长状态或习性等量化指标和对应的地理位置在同一地图平面上按数量大小或多少将这些量化指标分级。并用大小不等的圆标记在其相应的地理位置上。

附录10 研究涉及的植物种及其拉丁学名

10.1 木本植物

黑松（日本黑松）*Pinus thunbergii* Parl.

马尾松 *Pinus massoniana* Lamb.

赤松（日本赤松）*Pinus densiflora* Sieb. et Zucc.

侧柏 *Platycladus orientalis*（L.）Franco

龙柏 *Sabina chinensis* L. cv. 'Kaizuca'

扁柏 *Chamaecyparis* spp.

杉木 *Cunninghamia lanceolata*（Lamb.）Hook.

水杉 *Metasequoia glyptostroboides* Hu et Cheng

银杏 *Ginkgo biloba* L.

红叶杨 *Populus* × *euramerica* 'Zhonghong'

杨 *Populus* SPP.

柳 *Ralix* Spp.

榆树（白榆）*Ulmus* pumila L.

枣树 *Ziziphus jujuba Mill*. var. *inemmis*（Bunge）Rehd.

白蜡树 *Fraxinus chinensis* Roxb.

柿树 *Diospyros kaki* Thunb.

毛竹 *Phyllostachys heterocycla*（Carr.）Mitford cv. Pubescens

淡竹 *Phyllostavhys glauca* McClure

红叶李 *Prunus serasifera* var. *atropurpurea* Jack.

黄栌 *Cotinus coggygria* Scop.

冬青卫矛 *Euonymus japonicus* Thunb.

银边冬青卫矛 *Euonymus japonicus* Thunb var. *albo-marginatus* Hort.

紫玉兰 *Magnolia liliflora* Desr.

玉兰 *Magnolia denudata* Desr.

扶芳藤 *Euonymus fortunei*（Turcz.）Hand.−Maz.

苦楝 *Melia azedarach* L.

广玉兰 *Magnolia grandiflora* L.

杜仲 *Eucommia ulmoides* Oliver

石楠 *Photinia serrulata* Lindl.

红叶石楠 *Photinia glabra*（Thunb.）Maxim. 'Robens'

小叶女贞 *Ligustrum lquihoui* Carr.

剑麻 *Agave sislana* Per.

火炬树 *Rhus typhina* Nutt.

楸树 *Catalpa bunngei* C.A.Mey

梾木 *Cornus macrophylla* Wall.

美洲铁木 *Ostrya virginiana*

北美鹅耳枥 *Carpinus caroliniana*

冬青 *Ilex* Spp.

紫丁香（丁香）*Syringa oblate* Lindl.

悬铃木（法国梧桐，简称法桐）*Platanus occidentalis* L.

紫薇 *Lagerstroemia indica* L.

四照花 *Cornus kousa* Bunge.

美国红枫（红花槭）*Acer rubrum* L.

北美枫香 *Liquidambar styraciflua* L.

元宝槭（别名元宝枫）*Acer truncatum* Bunge

桑树 *Morus albal.*

臭椿 *Ailanthus altissima*（Mill.）

荆条 *Vitex negundo* var. *heterophylla*（Franch.）Rehd.

酸枣 *Ziziphus jujuba* Mill. var. *spinosa*（Bunge）Hu ex H.F.Chow

构树 *Broussonetia papyrifera*（L.）Vent.

君千子 *Diospyros lotus* L.

木瓜 *Chaenomeles sinensis*（Thouin）Koehne

贴梗海棠 *Chaenomeles speciosa*（Sweet）Nakai

国槐 *Sophora Japonica* L.

龟甲冬青 *Ilex crenata* cv Convexa

栀子花 *Gardenia jasminoides*

小叶黄杨 *Buxus sinica* var. *parvifolia* M. Cheng

女贞 *Ligustrum lucidum* Ait

金叶女贞 *Ligustrum* × *vicaryi*

月季 *Rosa chinensis* Jacq.

朱蕉 *Cordyline fruticosa* L.A. Cheral.

紫荆 *Cercis chinensis* Bunge

花叶榕 *Ficus benjamina* cv. *Golden Princess*

紫叶海棠（红叶海棠，王族海棠）*Malus* "Royalty"

木槿 *Hibiscus mutabilis* L.

金银木 *Lonicera maackii*（Rupr.）Maxim.

辛夷 *Magnolia denudate* Desr.

金叶榆 *Ulmus pumila* cv. jinye

鹅掌楸（别名马褂木）*Liriodendron chinensis*（Henmsl.）Sarg.

三角枫 *Acer buergerianum* Miq.

紫藤 *Wisteria sinensis*（Sims）Sweet

乌桕 *Sapium sebiferum*（L.）Roxb

连翘 *Forsythia suspensa*

日本晚樱 *Prunus serrulata* var. *lannesiana*（Carr.）Rehd.

柑橘（俗称柑桔） *Citrus* spp.

温州蜜柑 *Citrus unshiu*

椪柑 *Citrus reticulata* Blanco cv. Ponkan

甜橙类柑橘 *Citrus sinensis*

苹果 *Malus* spp.

板栗 *Castanea mollissima*（Blume）

10.2　草本植物

灰蒿 *Artemisia ludoviciana*

凤梨花 *Billbergia pyramidalis* Lindl.

黛粉万年青 *Dieffenbachia picta* Schott.

金边虎尾兰 *Sansevieria trifasciata* cv. Golgen Hahnii

花叶芦竹 *Arundo donax* var. versicolor

富贵竹 *Dracaena sanderiana*

绿萝 *Epipremnum aureum*

斑叶马齿苋 *Portulacaria afra* f. vargiegata

银心吊兰 *Chlorophytum comosum* 'Vargiegatum'

银边吊兰 *Chlorophytum comosum* 'marginata'

万重山 *Cereus* cv. Fairy Castle

花斑芦荟 *Aloe arborescens* Mill

铜钱草 *Hydrocotyle chinensis*（Dunn）Craib

石头花 *Lithops*

飞羽竹芋（栉花竹芋，箭羽竹芋） *Ctenanthe oppenheimiana*